DIESES BUCH
GEHÖRT ZU

_____

INHALTSVERZEICHNIS
YOGA-POSITIONEN FÜR EXPERTEN

YOGA-POSITIONEN FÜR EXPERTEN

1. POSE DES HERRN DER FISCHE

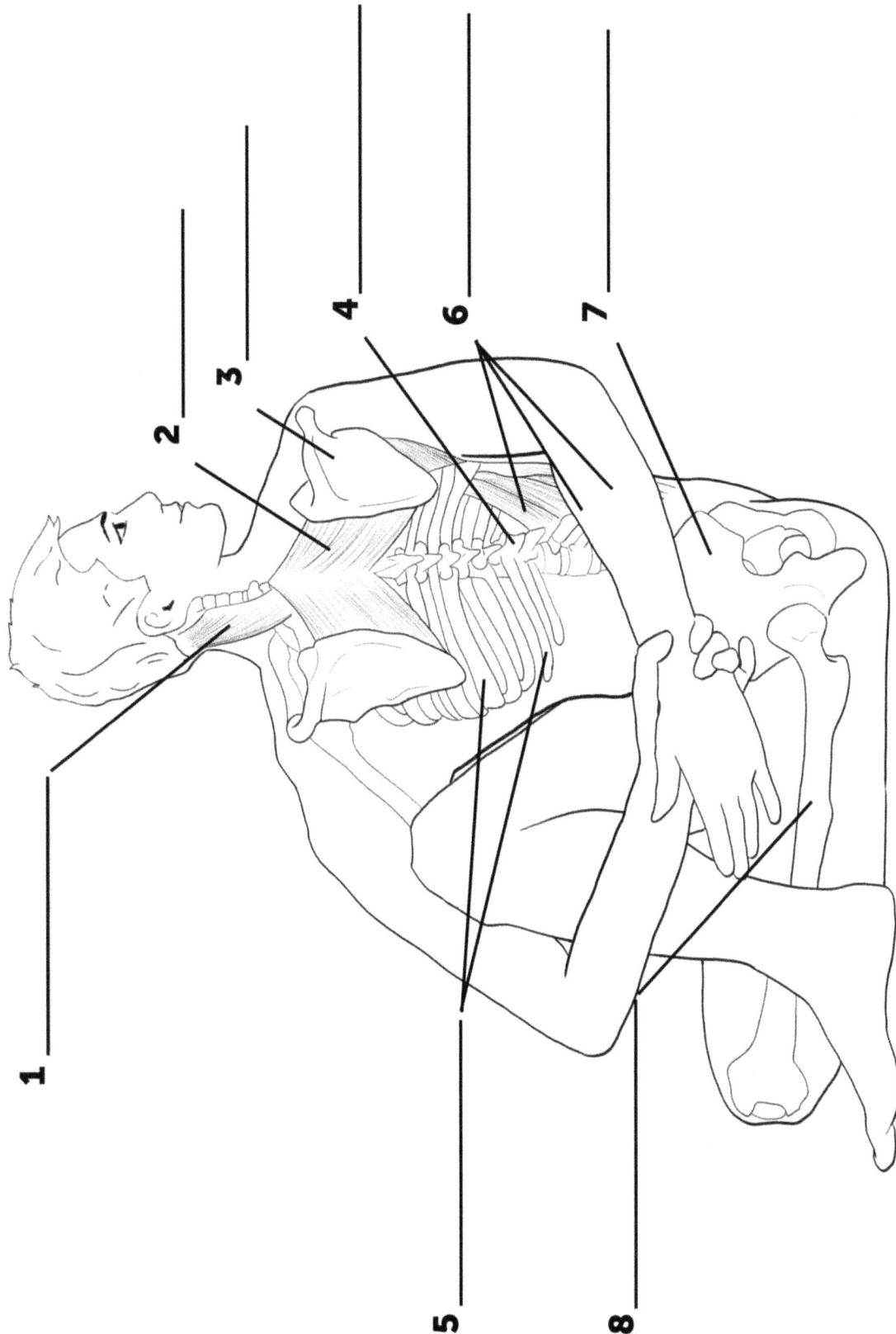

1
2
3
4
5
6
7
8

1. POSE DES HERRN DER FISCHE

1. SPLENIUS CAPITIS
2. RHOMBOIDE
3. SCHULTERBLATT
4. WIRBELSÄULE
5. KÜSTEN
6. EREKTOR SPINAE
7. BECKEN
8. OBERSCHENKEL

2. LEGEN DES FLIEGENDEN RABEN

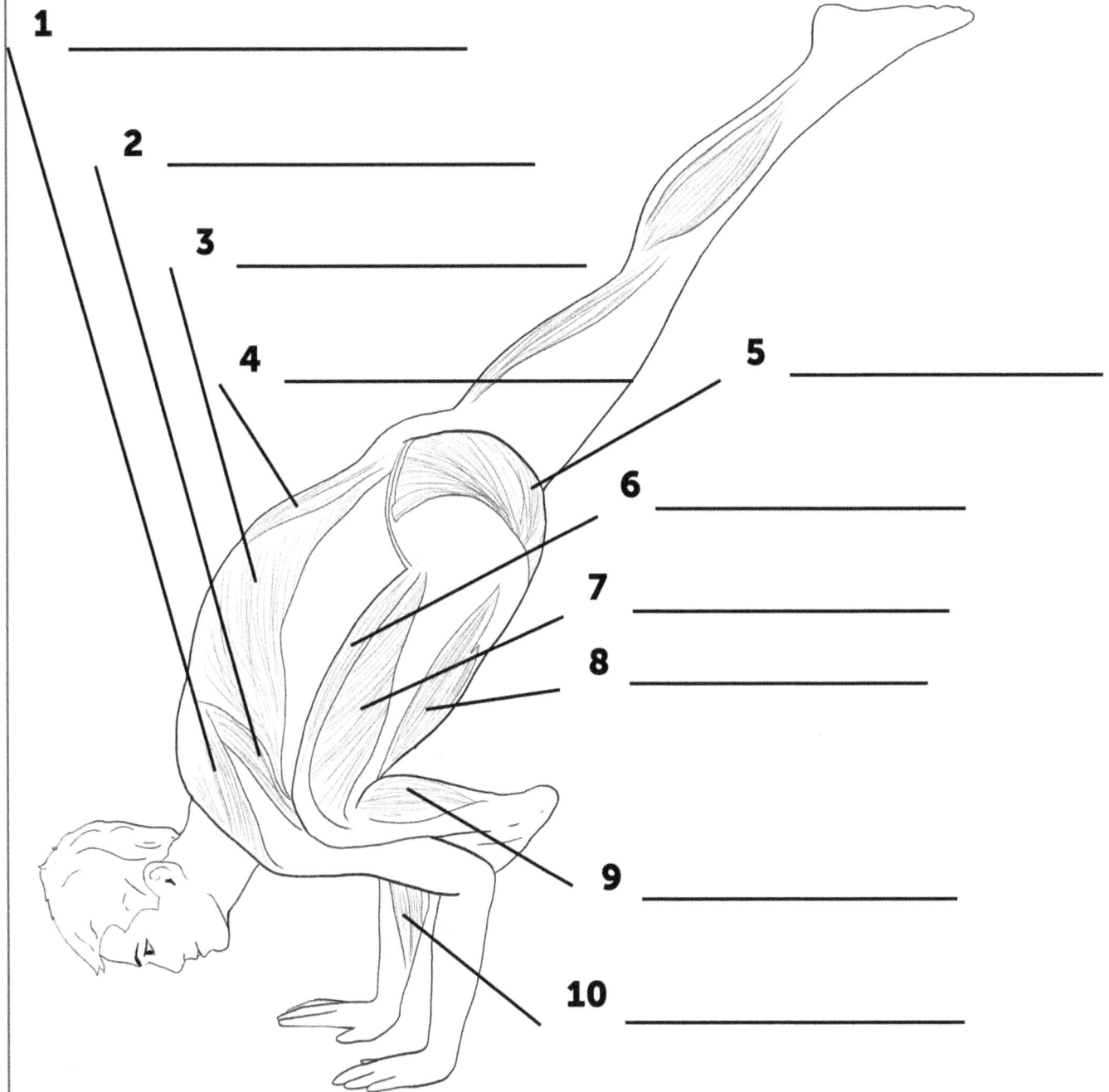

1 _____

2 _____

3 _____

4 _____

5 _____

6 _____

7 _____

8 _____

9 _____

10 _____

2. LEGEN DES FLIEGENDEN RABEN

1. DELTAMUSKEL
2. TRIZEPS BRACHII
3. LATISSIMUS DORSI
4. EREKTOR SPINAE
5. GLUTEUS MAXIMUS
6. RECTUS FEMORIS (OBERSCHENKELMUSKEL)
7. VASTUS LATERALIS
8. HAMSTRINGS
9. GASTROCNEMIUS
10. PRONATOREN

3. SKORPION POSIEREN

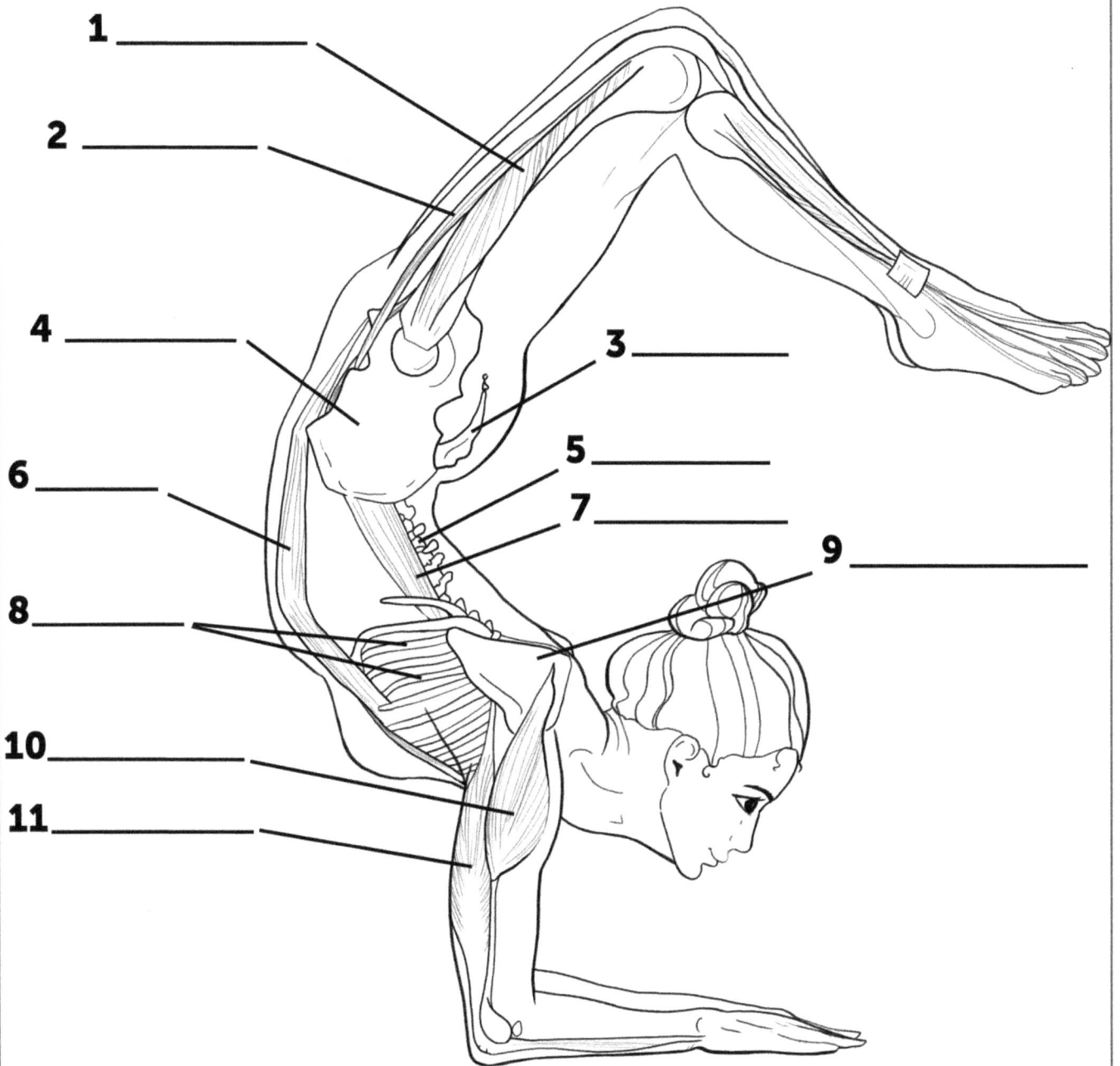

1 _____

2 _____

4 _____

3 _____

6 _____

5 _____

7 _____

9 _____

8 _____

10 _____

11 _____

3. SKORPION POSIEREN

1. VASTUS LATERALIS

2. RECTUS FEMORIS (OBERSCHENKELMUSKEL)

3. KNOCHEN DES KREUZBEINS

4. BECKEN

5. WIRBELSÄULE

6. RECTUS ABDOMINIS

7. PSOAS MAJOR

8. KÜSTEN

9. SCHULTERBLATT

10. DELTOID

11. TRIZEPS BRACHII

4. LEGEN DES GLÜHWÜRMCHENS

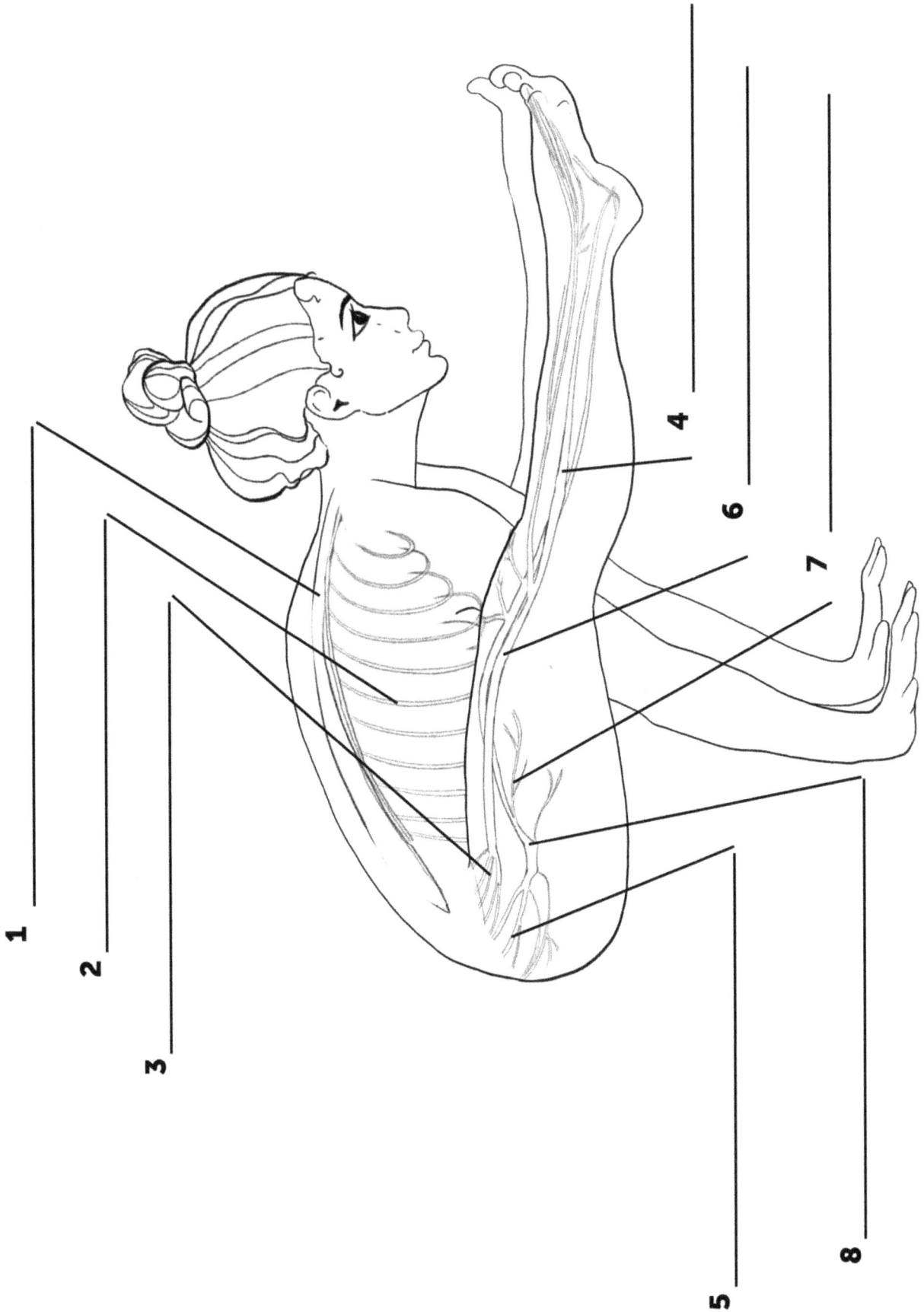

1

2

3

4

5

6

7

8

4. LEGEN DES GLÜHWÜRMCHENS

1. RÜCKENMARK
2. INTERCOSTALES
3. DAS HEILIGE KNOTENGEFLECHT
4. TIBIA
5. LUMBALPLEXUS
6. ISCHIAS
7. MUSKULÄRE ÄSTE DES OBERSCHENKELS
8. OBERSCHENKEL

5. PARADIESVOGEL-POSE

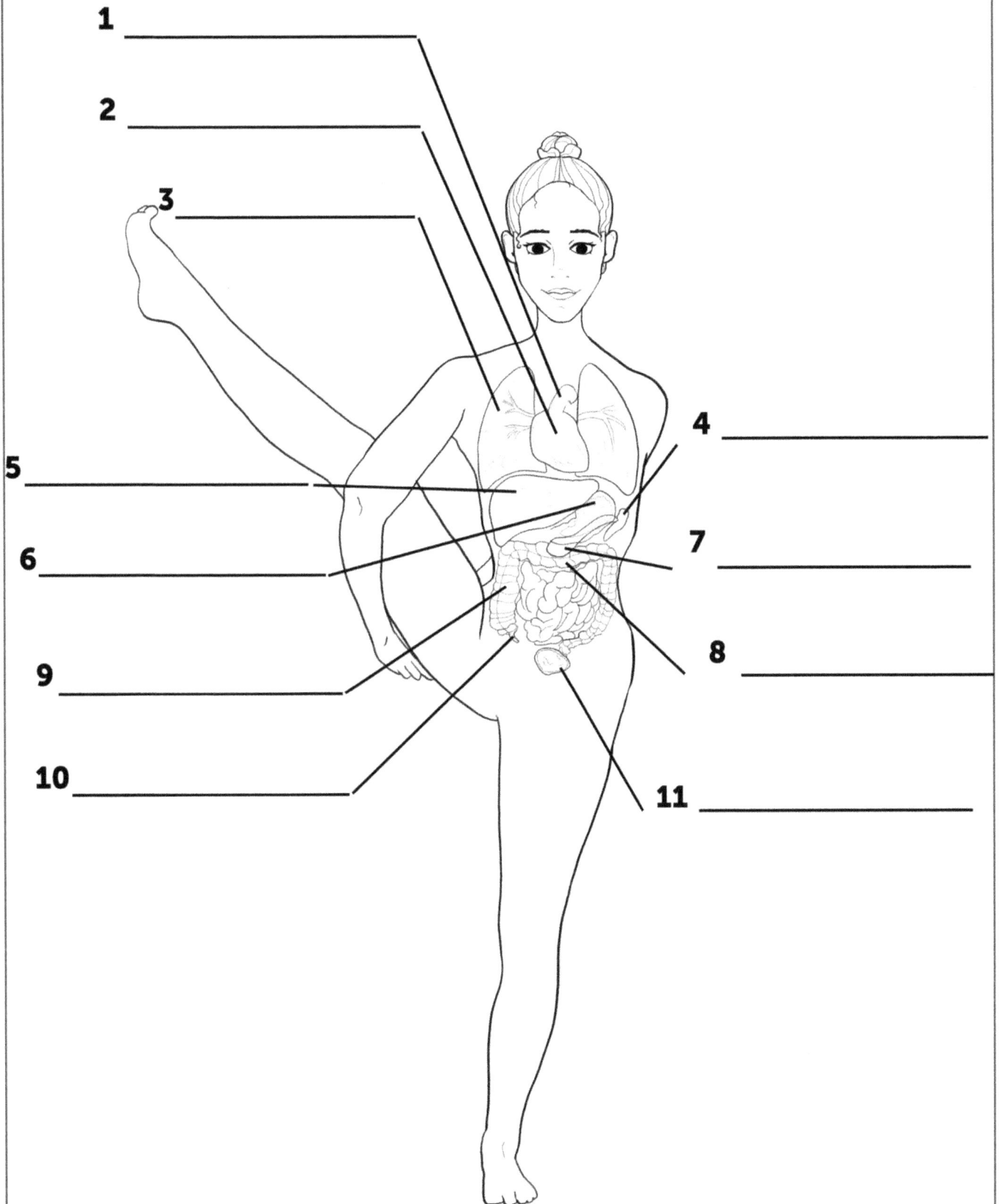

1 _____

2 _____

3 _____

4 _____

5 _____

6 _____

7 _____

8 _____

9 _____

10 _____

11 _____

5. PARADIESVOGEL-POSE

1. AORTA
2. HERZ
3. LUNGE
4. SPLEEN
5. LEBER
6. MAGEN
7. BAUCHSPEICHELDRÜSE
8. QUERKOLON
9. AUFSTEIGENDER DICKDARM
10. ANHANG
11. BLASE

6. VERLEGUNG DES PFAUS

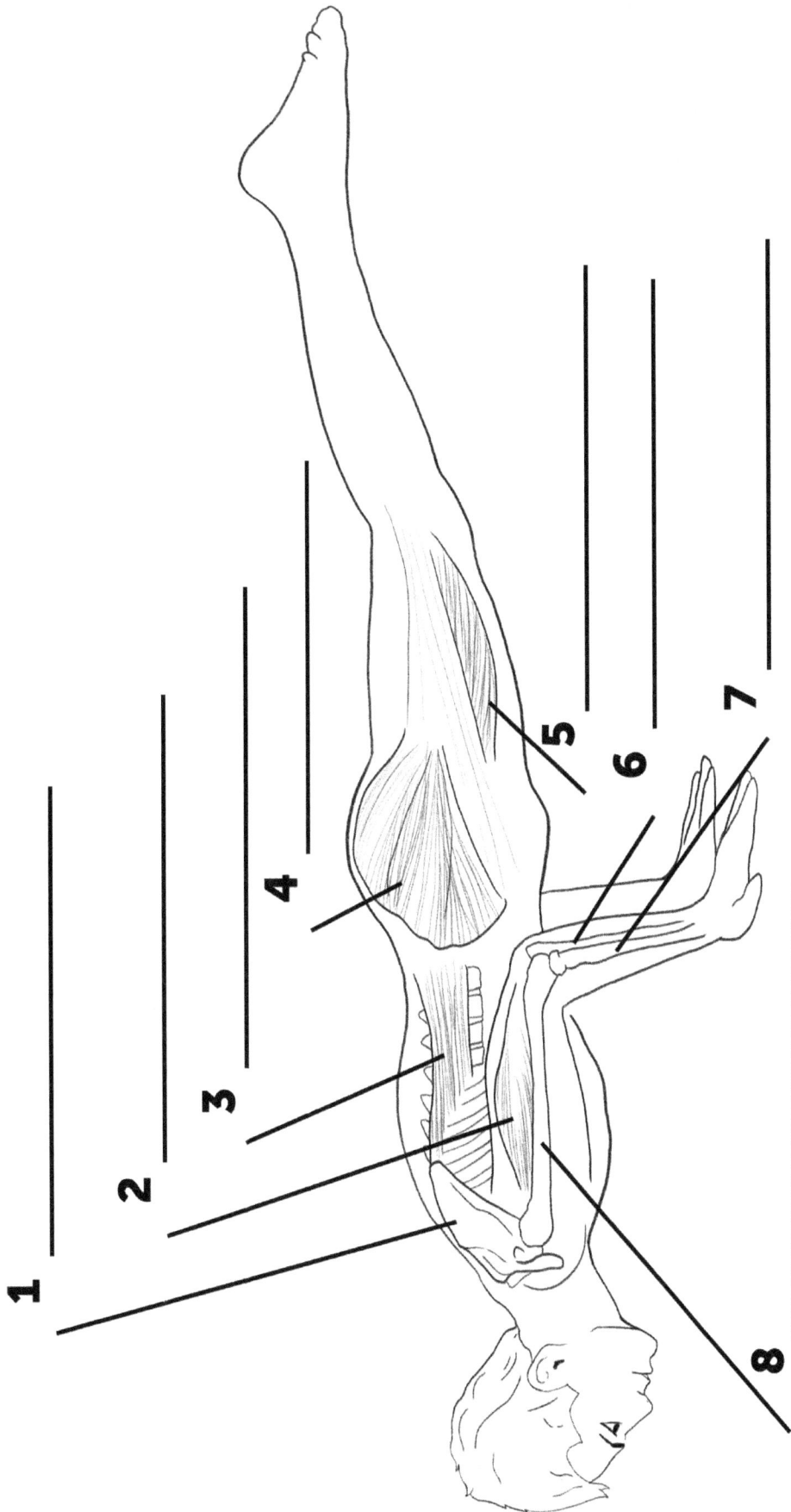

1

2

3

4

5

6

7

8

6. VERLEGUNG DES PFAUS

1. SCHULTERBLATT
2. TRIZEPS BRACHII
3. EREKTOR SPINAE
4. GLUTEUS MAXIMUS
5. QUADRIZEPS
6. ULNA
7. RADIUS
8. OBERARMKNOCHEN

7. EINBEINIGER TAUBENKÖNIG II

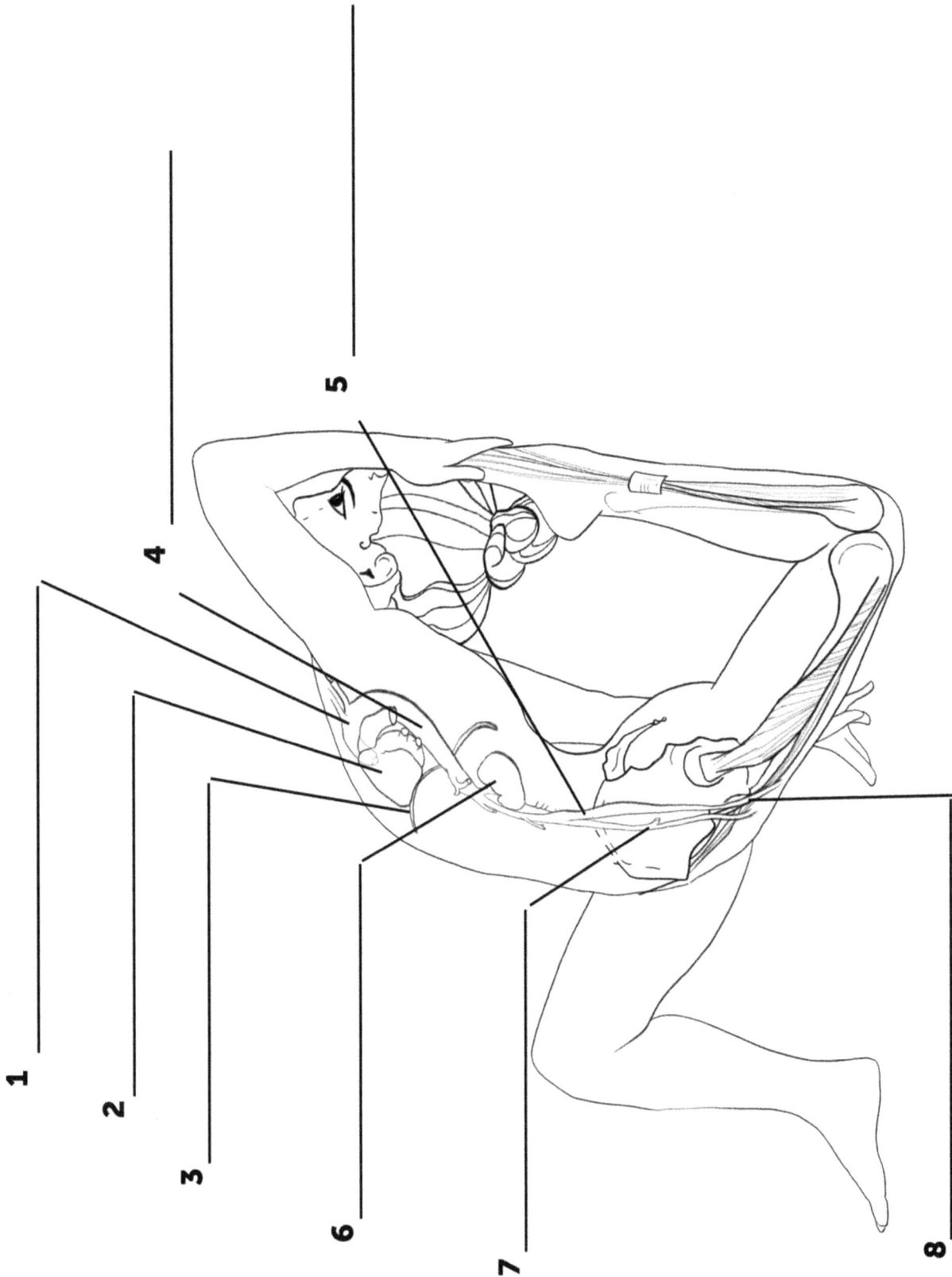

1

2

3

4

5

6

7

8

7. EINBEINIGER TAUBENKÖNIG II

1.   AUFSTEIGENDE THORAKALE AORTA

2.   HERZ

3.   BLENDE

4.   ABSTEIGENDE THORAKALE AORTA

5.   ABDOMINAL-AORTA

6.   NIERE

7.   ARTERIA ILIACA COMMUNIS

8.   OBERSCHENKELARTERIE

8. ABLEGEN DER KLEINEN BLITZE

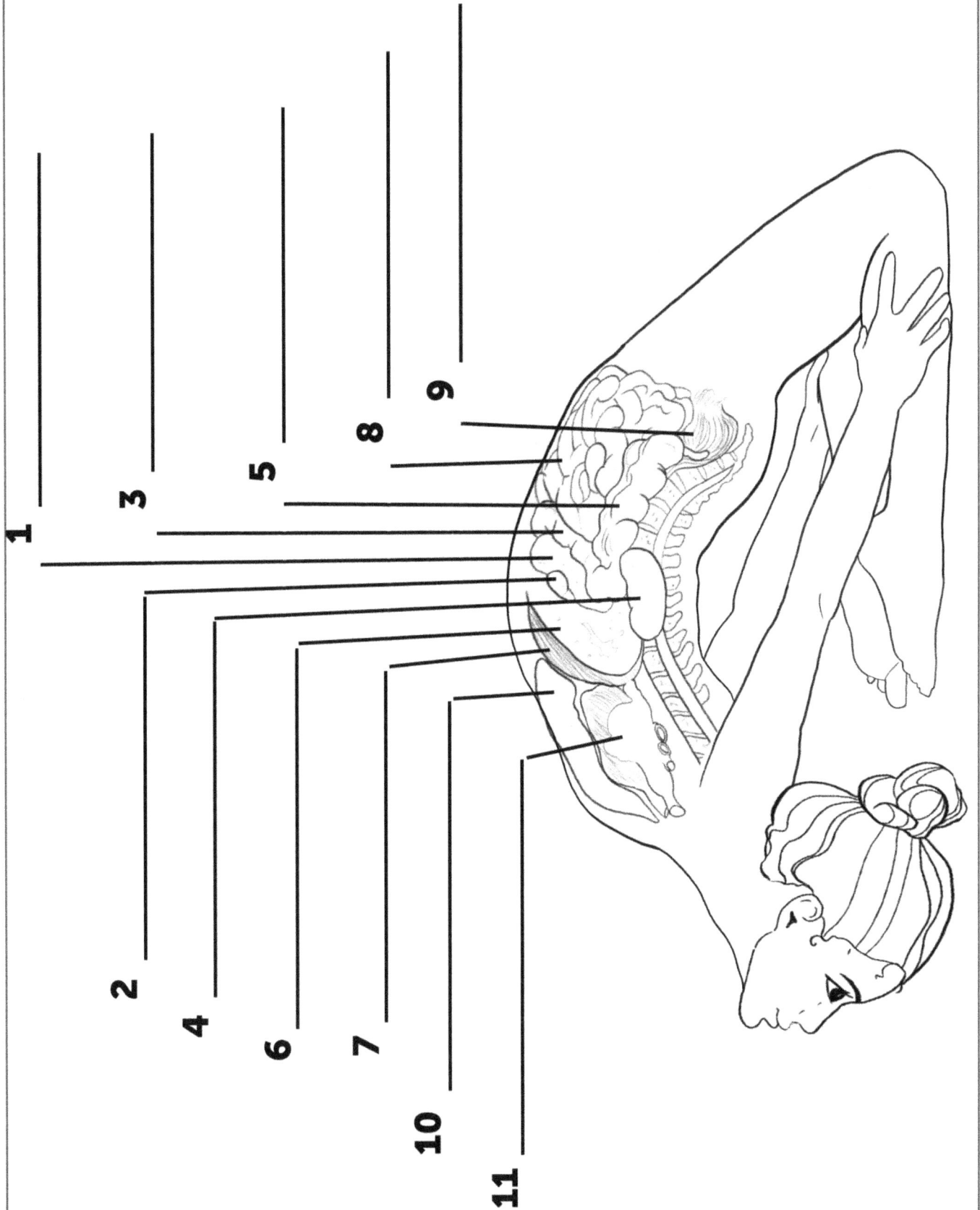

1
2
3
4
5
6
7
8
9
10
11

8. ABLEGEN DER KLEINEN BLITZE

1. MAGEN

2. GALLENBLASE

3. QUERKOLON

4. NIERE

5. AUFSTEIGENDER DICKDARM

6. LEBER

7. DIAPHRAGMA

8. DÜNNDARM-SPULEN

9. REKTUM

10. LUNGE

11. HERZ

9. EINBAU DER TÜR

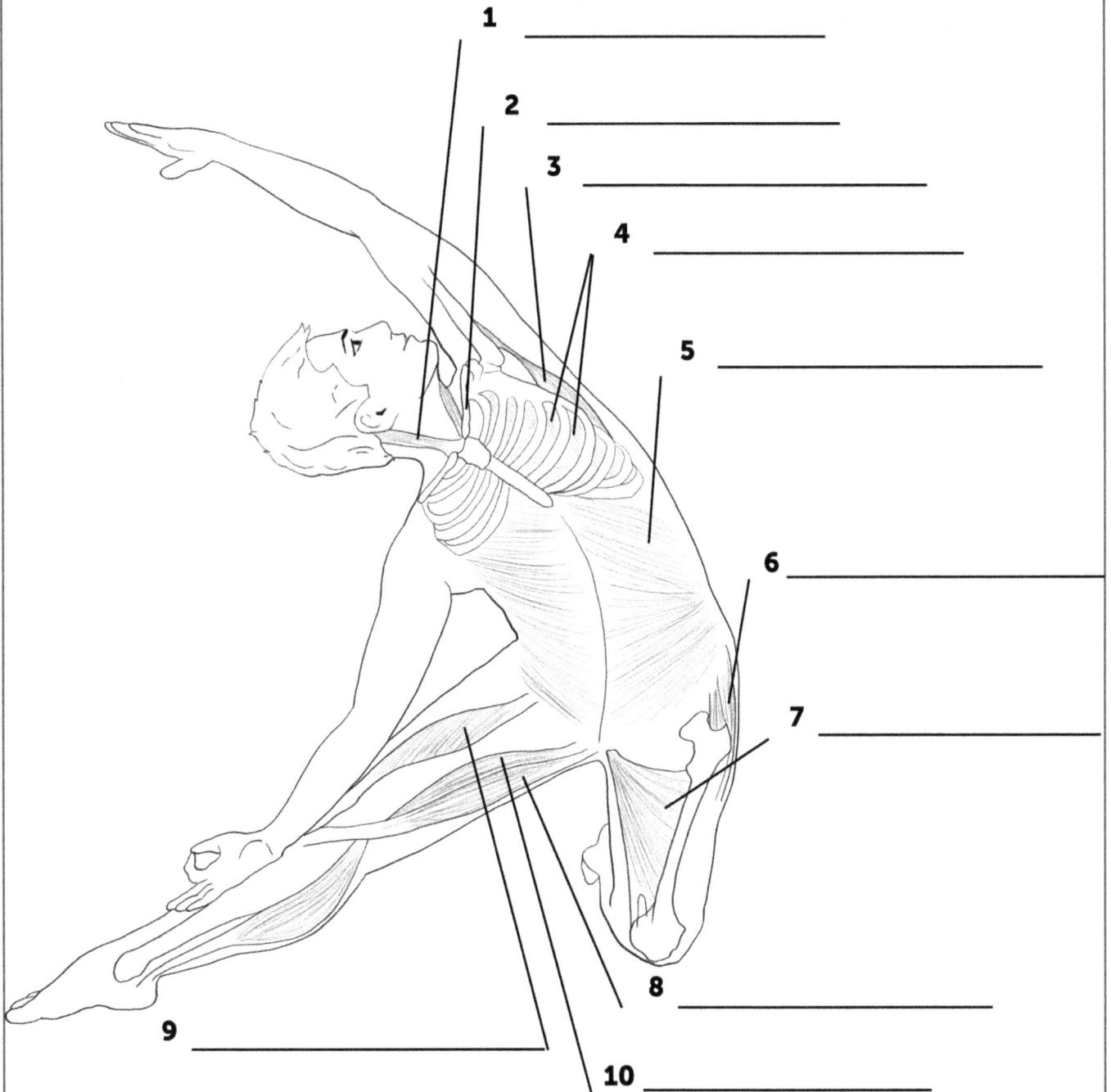

1 _____

2 _____

3 _____

4 _____

5 _____

6 _____

7 _____

8 _____

9 _____

10 _____

9. EINBAU DER TÜR

1. SPLENIUS CAPITIS

2. KRAGENBE

3. LATISSIMUS DORSI

4. INTERCOSTALES

5. SCHRÄG NACH AUßEN

6. TENSOR FASCIAE LATAE

7. ADDUKTOR LONGUS

8. GRACILIS

9. RECTUS FEMORIS (OBERSCHENKELMUSKEL)

10. GROßER ADDUKTOR

10. VERLEGUNG DES WEISEN KOUNDIYA I

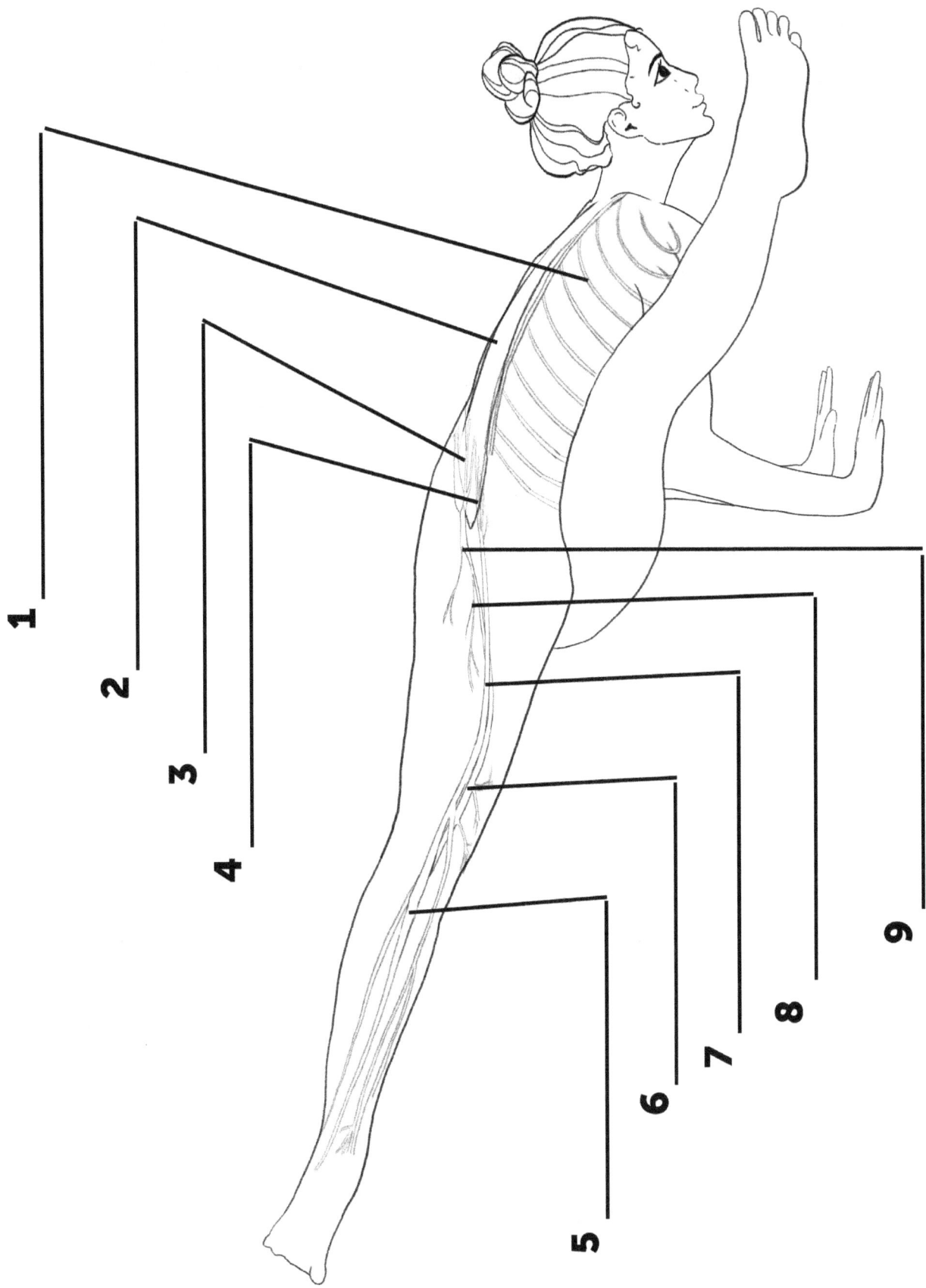

1

2

3

4

5

6

7

8

9

10. VERLEGUNG DES WEISEN KOUNDIYA I

1. INTERCOSTALES

2. RÜCKENMARK

3. LUMBALPLEXUS

4. DAS HEILIGE KNOTENGEFLECHT

5. TIBIA

6. VENA SAPHENA MAGNA

7. ISCHIAS

8. MUSKULÄRE ÄSTE DES OBERSCHENKELS

9. OBERSCHENKEL

11. VERLEGUNG DES WEISEN KOUNDIYA II

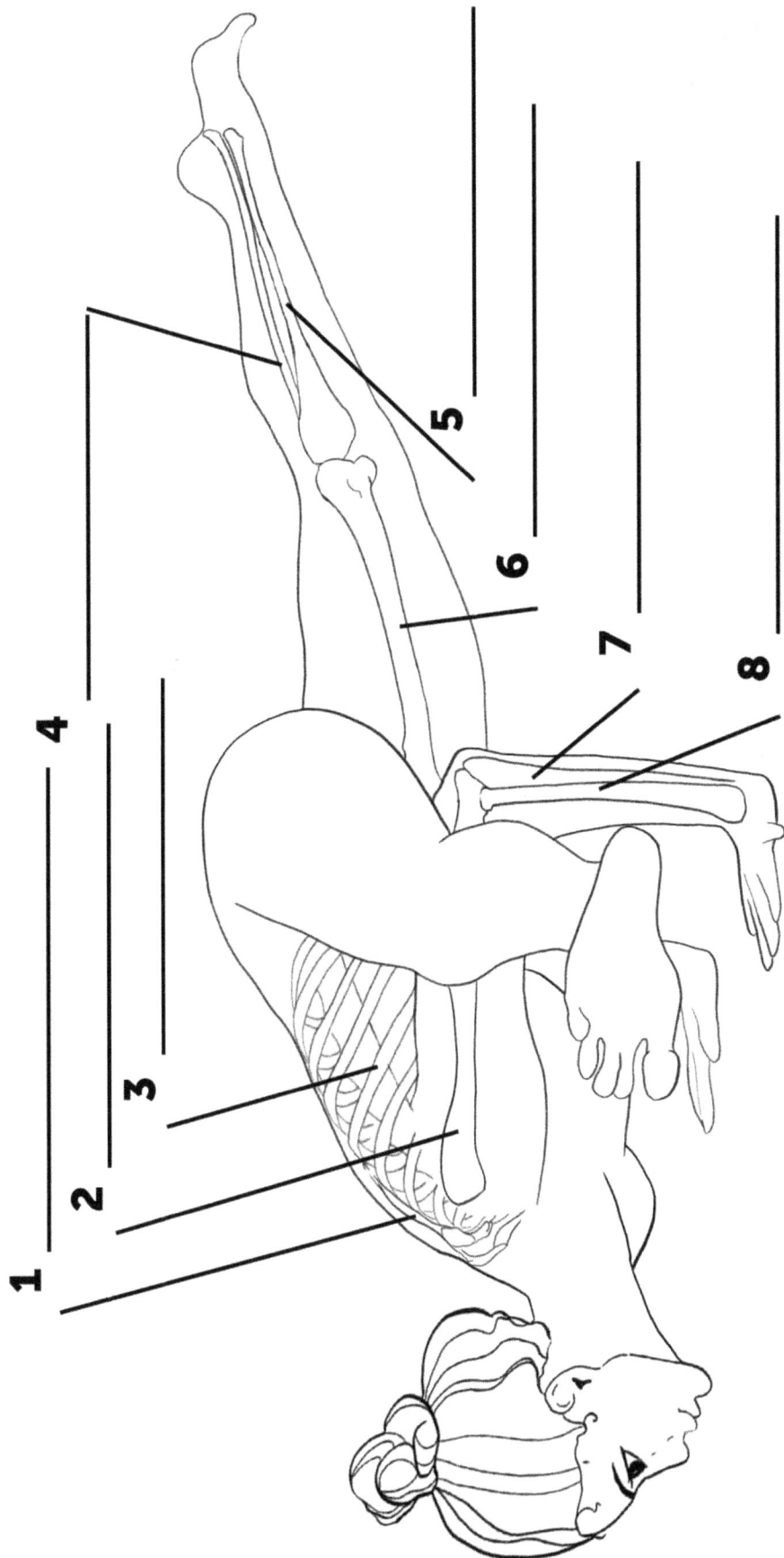

1

2

3

4

5

6

7

8

11. VERLEGUNG DES WEISEN KOUNDIYA II

1. SCHULTERBLATT
2. OBERARMKNOCHEN
3. KÜSTEN
4. WADENBEIN
5. SCHIENBEIN
6. OBERSCHENKELKNOCHEN
7. ULNA
8. RADIUS

12. POSITIONIERUNG VON KOPF BIS FUß

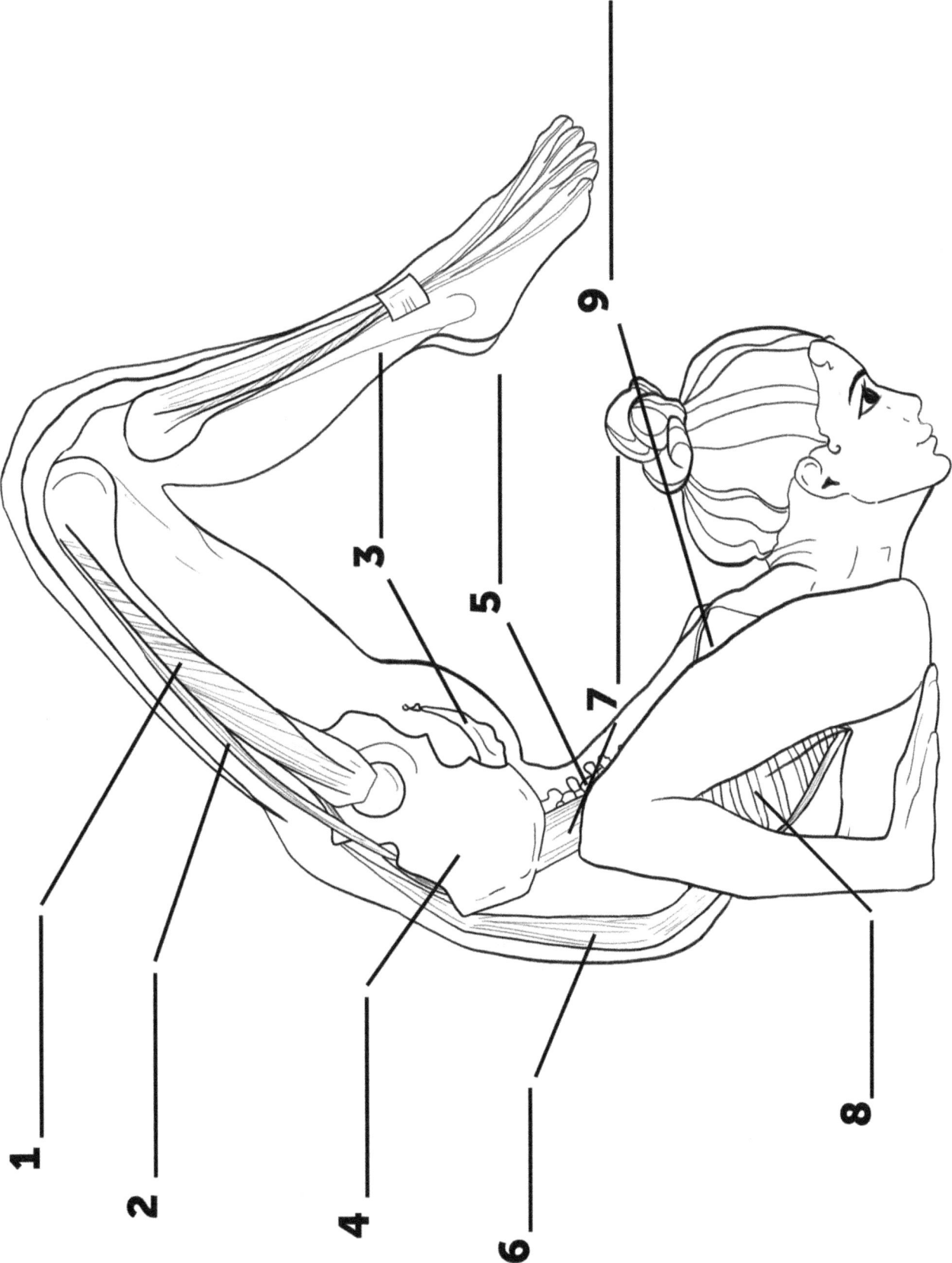

12. POSITIONIERUNG VON KOPF BIS FUß

1. VASTUS LATERALIS
2. RECTUS FEMORIS
3. SACRUM
4. PELVIS
5. SPINE
6. RECTUS ABDOMINIS
7. ERECTOR SPINAE
8. CÔTES
9. SCAPULA

13. EINSETZEN EINES BABY-GRASHÜPFERS

1

2

3

4

5

6

7

8

13. EINSETZEN EINES BABY-GRASHÜPFERS

1. QUADRIZEPS

2. TRIZEPS BRACHII

3. BIZEPS BRACHII

4. TRAPEZ

5. DELTOID

6. TIBIALIS ANTERIOR

7. GASTROKNISTER

8. PRONATOREN

14. ZWEI FÜßE HOCH

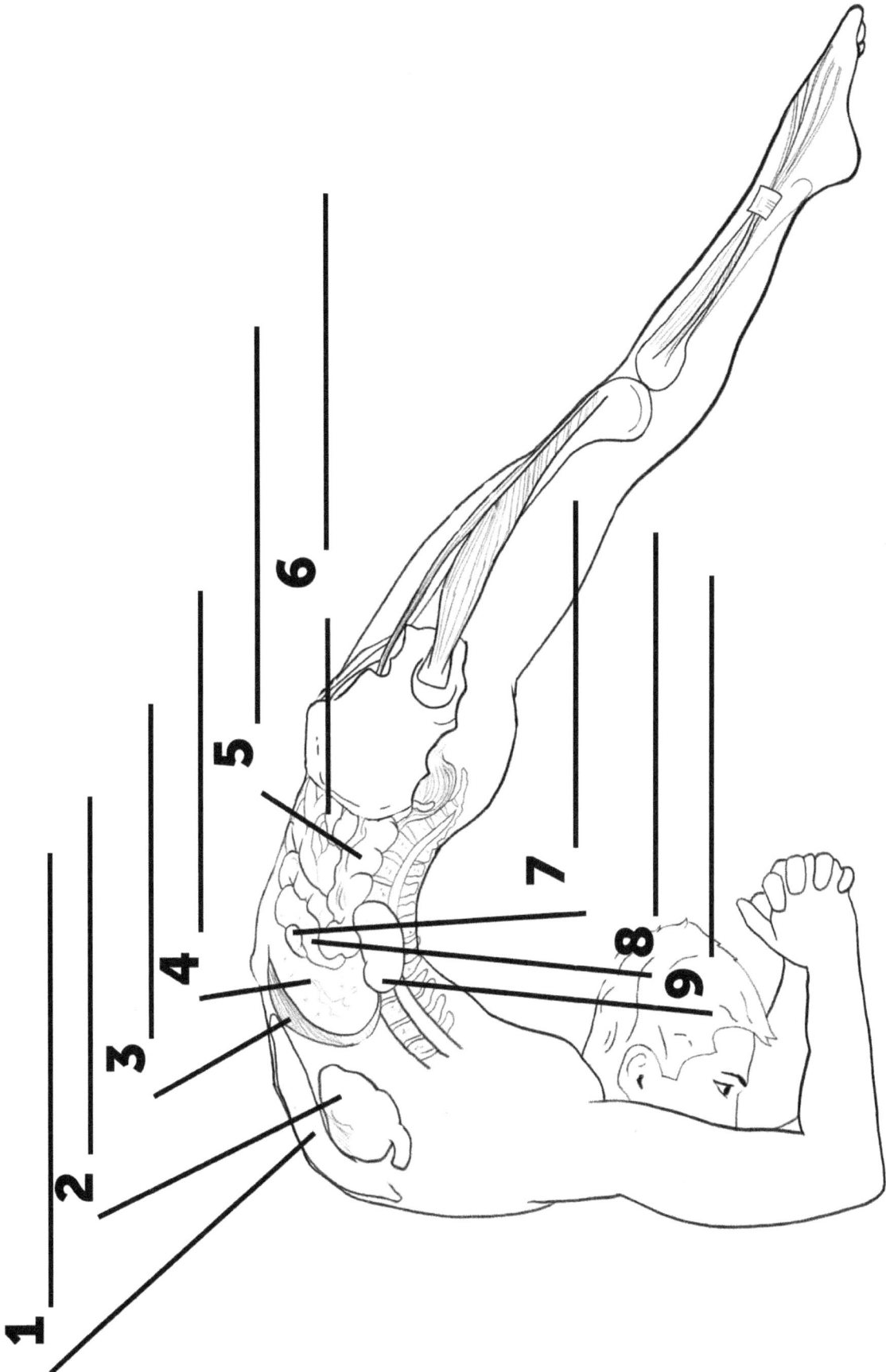

14. ZWEI FÜßE HOCH

1. LUNGE

2. HERZ

3. DIAPHRAGMA

4. LEBER

5. AUFSTEIGENDER DICKDARM

6. DÜNNDARM-SPULEN

7. GALLENBLASE

8. MAGEN

9. NIERE

15. BHARADVAJA-TWIST

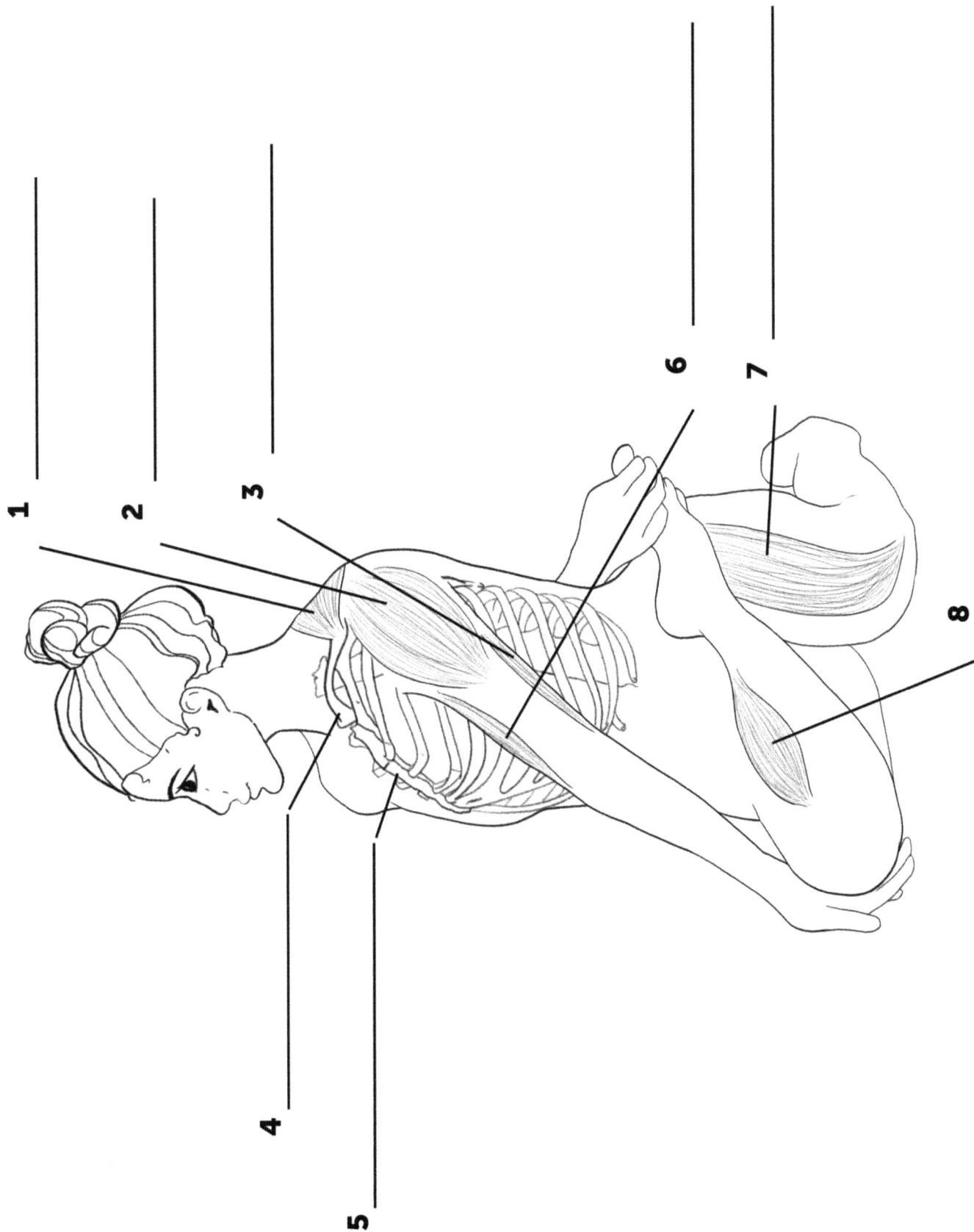

1 _____

2 _____

3 _____

4 _____

5 _____

6 _____

7 _____

8 _____

15. BHARADVAJA-TWIST

1. TRAPEZ
2. DELTOID
3. TRIZEPS BRACHII
4. KRAGENBE
5. STERNUM
6. BIZEPS BRACHII
7. QUADRIZEPS
8. GASTROKNISTER

16. ACHTECKIGE INSTALLATION

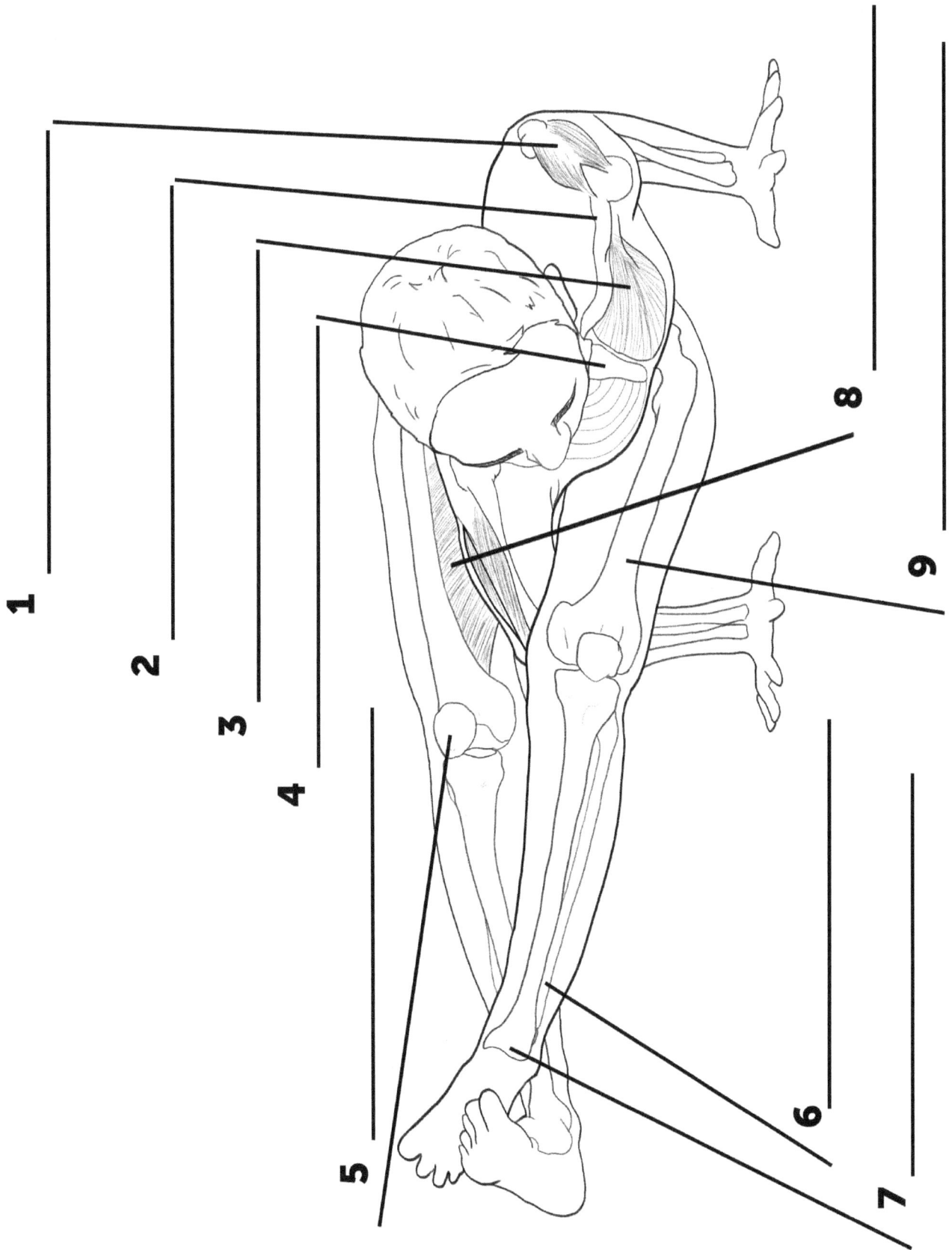

1

2

3

4

5

6

7

8

9

16. ACHTECKIGE INSTALLATION

1. TRIZEPS BRACHII

2. KRAGENBE

3. PECTORALIS MAJOR

4. STERNUM

5. PATELLA

6. WADENBEIN

7. SCHIENBEIN

8. ADDUKTOREN

9. OBERSCHENKELKNOCHEN

17. PLATZIERUNG VON LOTUS-HALBKUGELN AUS SALBEI

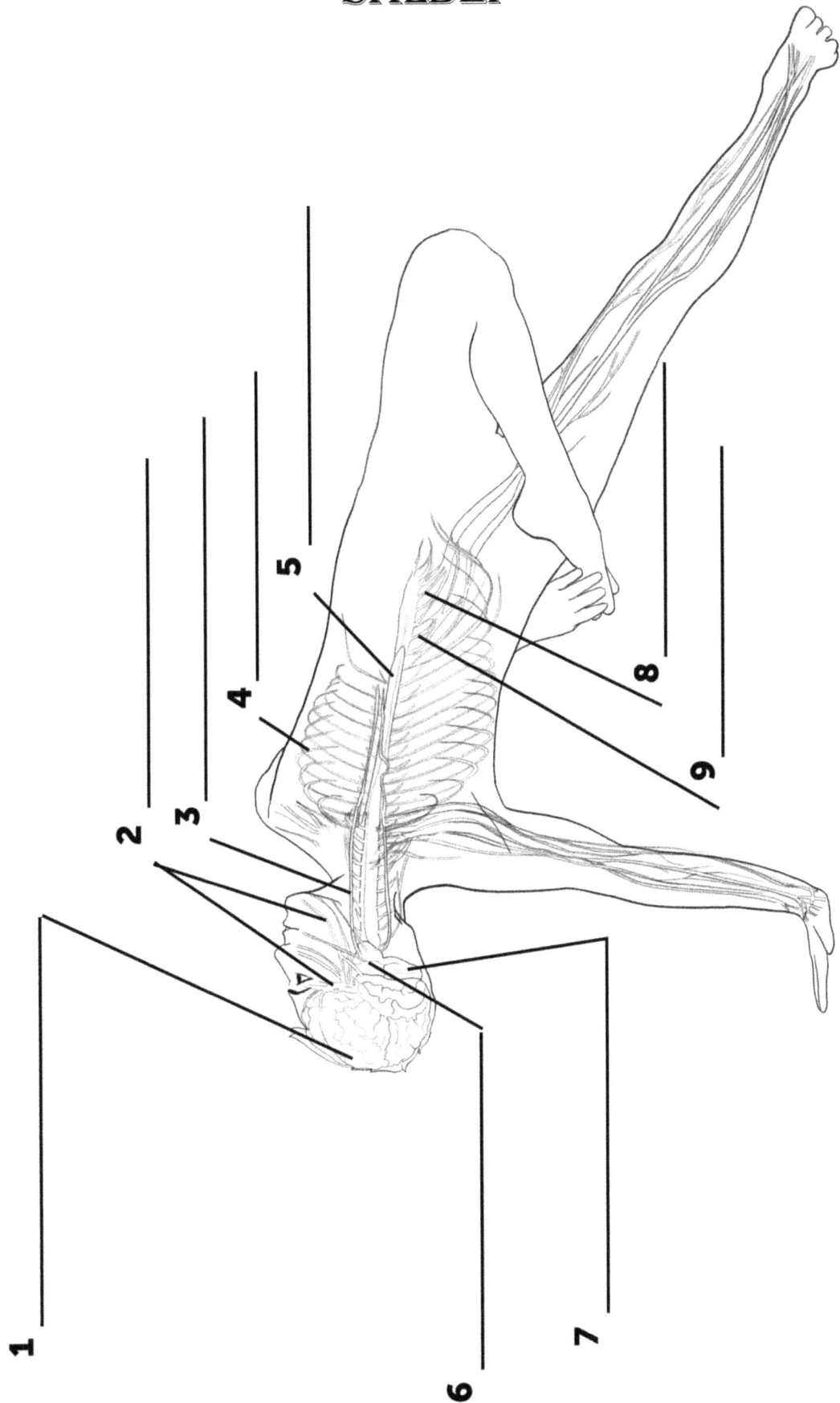

1

2

3

4

5

6

7

8

9

17. PLATZIERUNG VON LOTUS-HALBKUGELN AUS SALBEI

1. GEHIRN

2. HIRNNERVEN

3. VAGUS

4. INTERCOSTALES

5. RÜCKENMARK

6. HIRNSTAMM

7. CERVELET

8. DAS HEILIGE KNOTENGEFLECHT

9. LUMBALPLEXUS

18. DRUCK AUF DIE SCHULTER

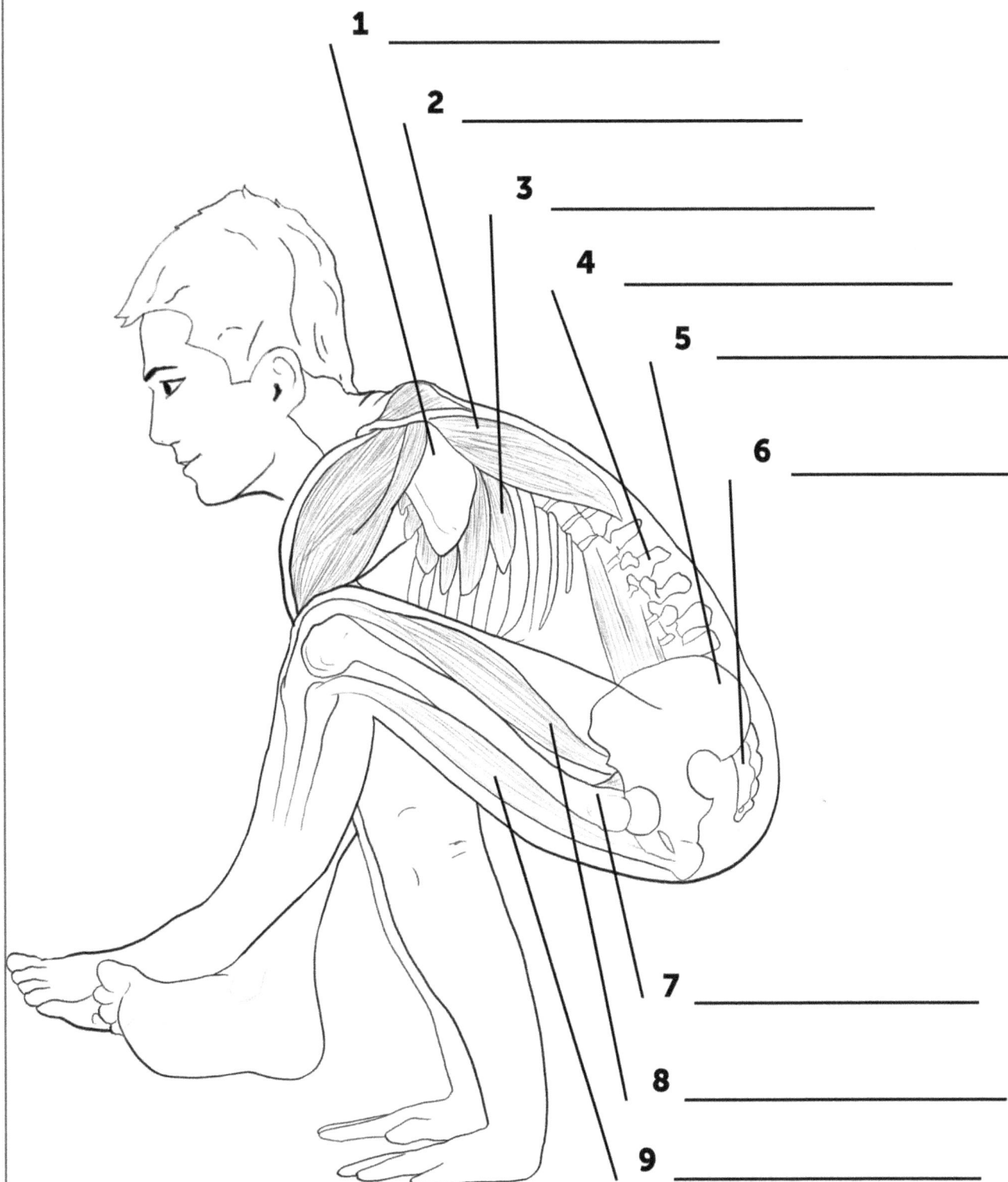

1 _____

2 _____

3 _____

4 _____

5 _____

6 _____

7 _____

8 _____

9 _____

18. DRUCK AUF DIE SCHULTER

1. SCHULTERBLATT
2. RHOMBOIDS
3. SERRATUS ANTERIOR
4. WIRBELSÄULE
5. BECKEN
6. KREUZBEIN
7. OBERSCHENKELKNOCHEN
8. QUADRIZEPS
9. HAMSTRINGS

19. SUPERSOLDAT

1 _____

2 _____

3 _____

4 _____

5 _____

6 _____

7 _____

8 _____

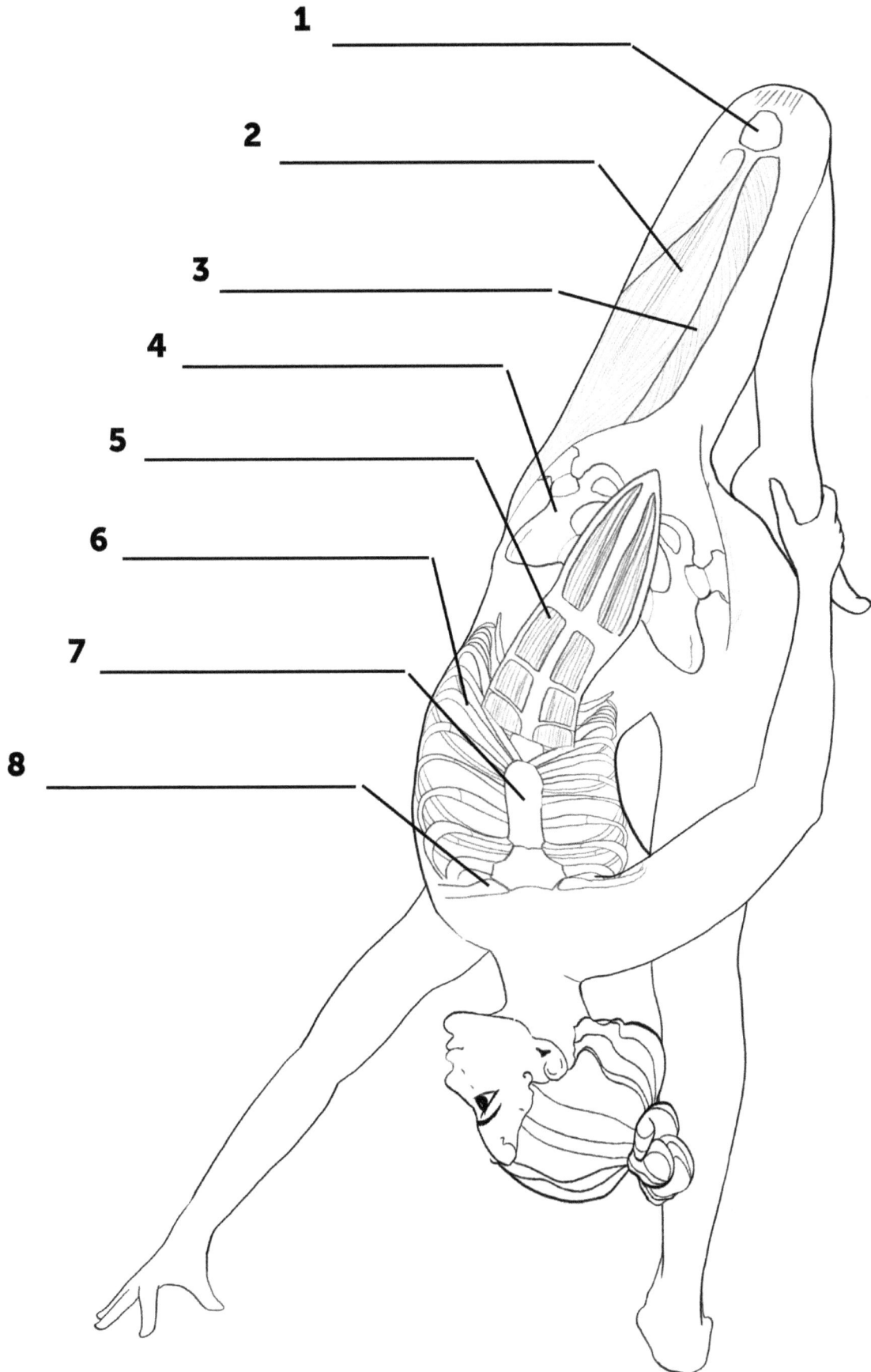

19. SUPERSOLDAT

1. PATELLA

2. RECTUS FEMORIS (OBERSCHENKELMUSKEL)

3. VASTUS MEDIALIS

4. BECKEN

5. RECTUS ABDOMINIS

6. KÜSTEN

7. STERNUM

8. KRAGENBE

20. DEN AFFEN ABSETZEN

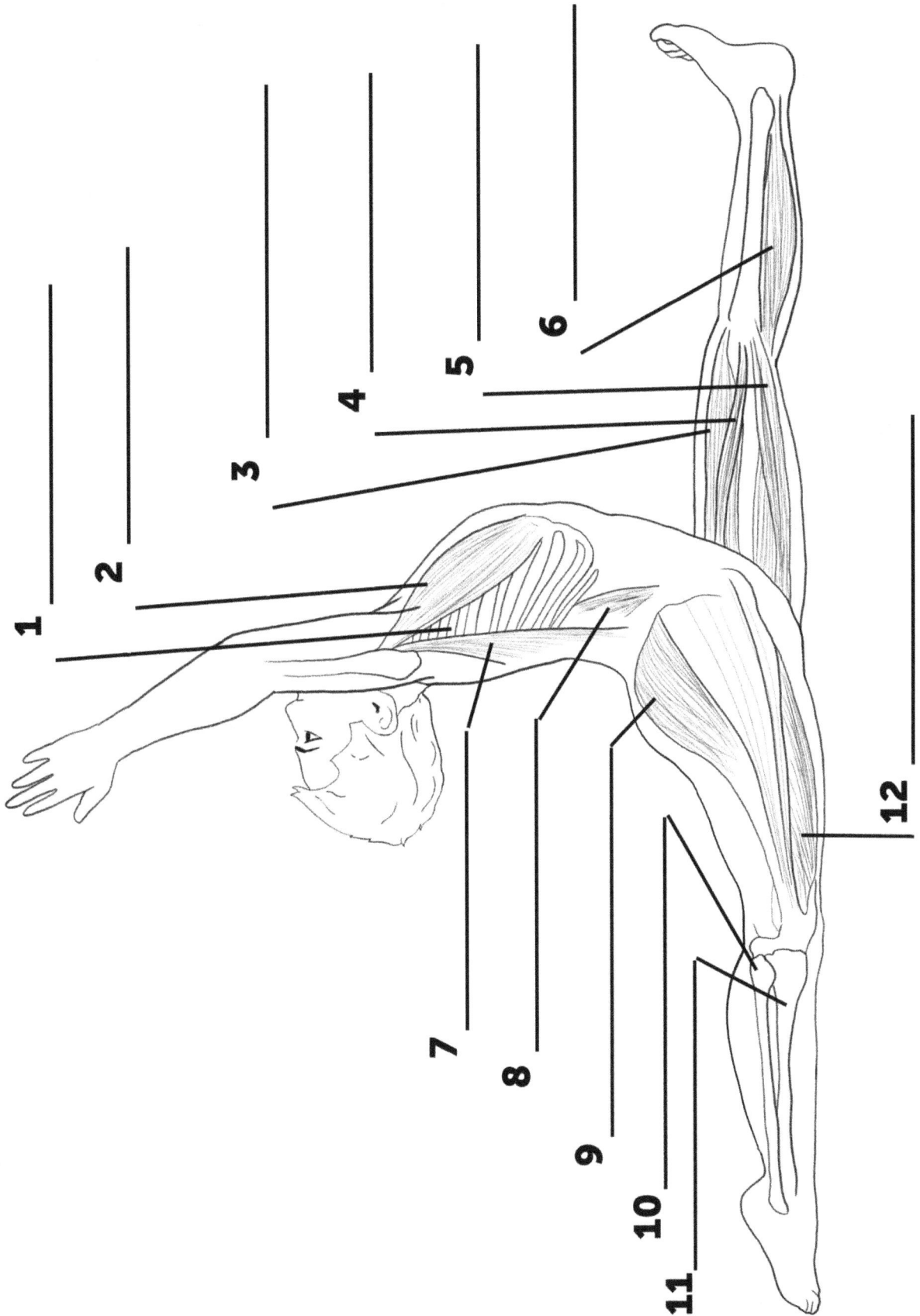

1

2

3

4

5

6

7

8

9

10

11

12

20. DEN AFFEN ABSETZEN

1. KÜSTEN
2. PECTORALIS MAJOR
3. RECTUS FEMORIS
4. SARTORIUS
5. HAMSTRINGS
6. GASTROCNEMIUS
7. LATISSIMUS DORSI
8. EREKTOR SPINAE
9. GLUTEUS MAXIMUS
10. WADENBEIN
11. SCHIENBEIN
12. QUADRIZEPS

21. WEITWINKLIGE SITZPOSITION

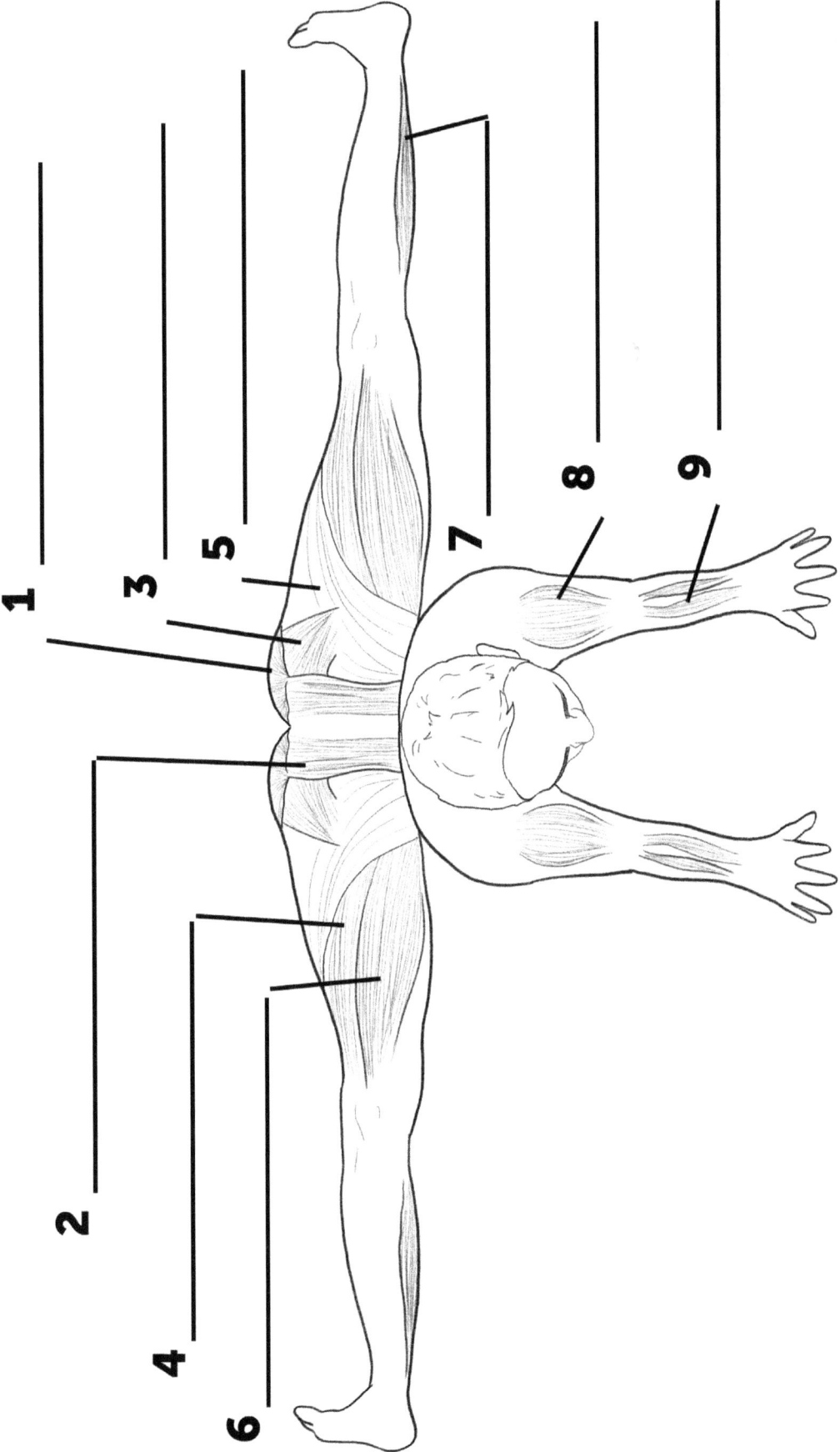

1

2

3

4

5

6

7

8

9

21. WEITWINKLIGE SITZPOSITION

1. GLUTEUS MAXIMUS

2. EREKTOR SPINAE

3. DURCHSCHNITTLICHE POBACKEN

4. VASTUS LATERALIS

5. ILIOTIBIALBAND

6. RECTUS FEMORIS (OBERSCHENKELMUSKEL)

7. GASTROCNEMIUS

8. DELTOID

9. PRONATOREN

22. ERWEITERTE BALANCE-EIDECHSE

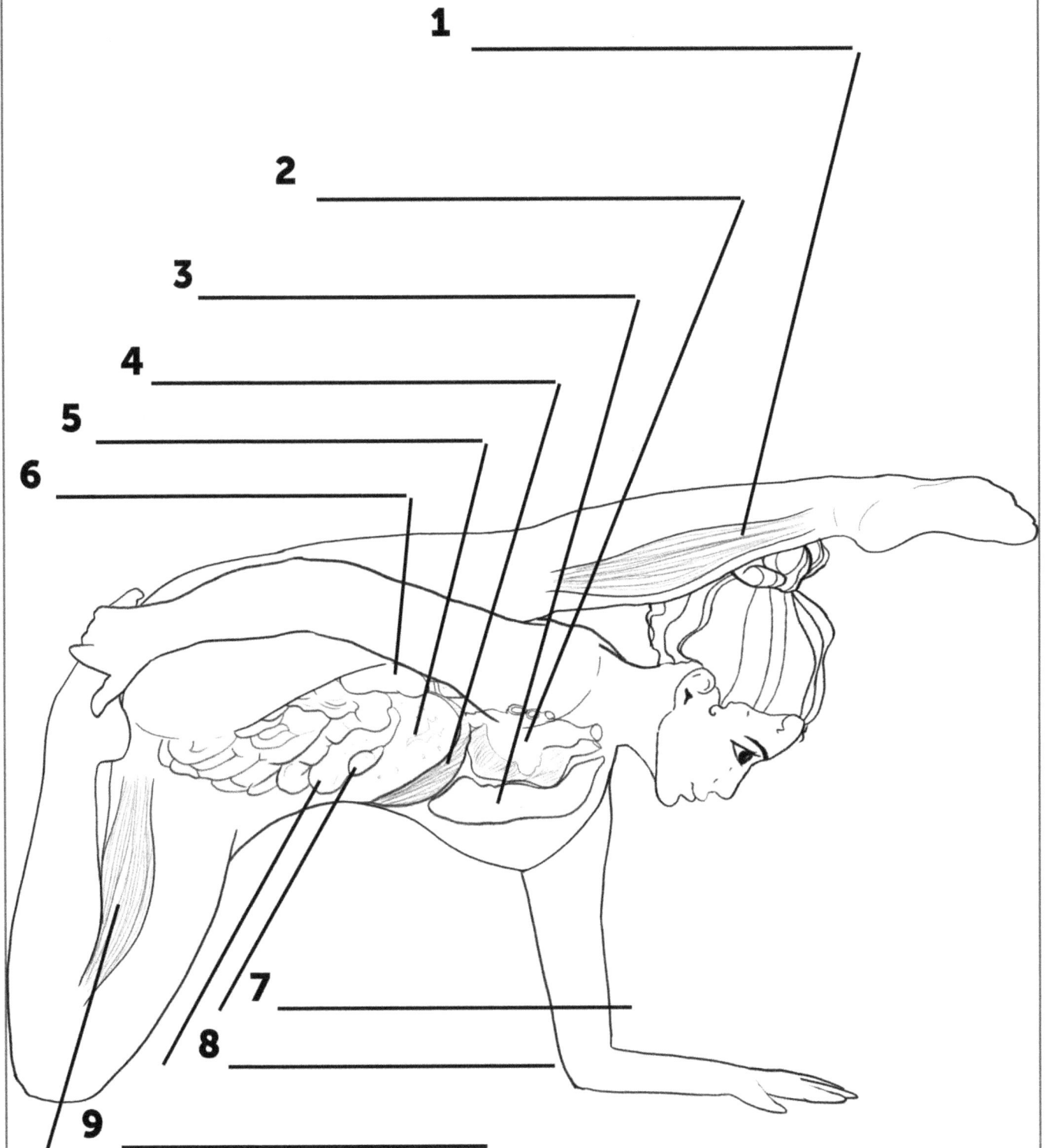

1 _____

2 _____

3 _____

4 _____

5 _____

6 _____

7 _____

8 _____

9 _____

22. ERWEITERTE BALANCE-EIDECHSE

1. GASTROCNEMIUS

2. HERZ

3. LUNGE

4. DIAPHRAGMA

5. LEBER

6. NIERE

7. GALLENBLASE

8. MAGEN

9. HAMSTRINGS

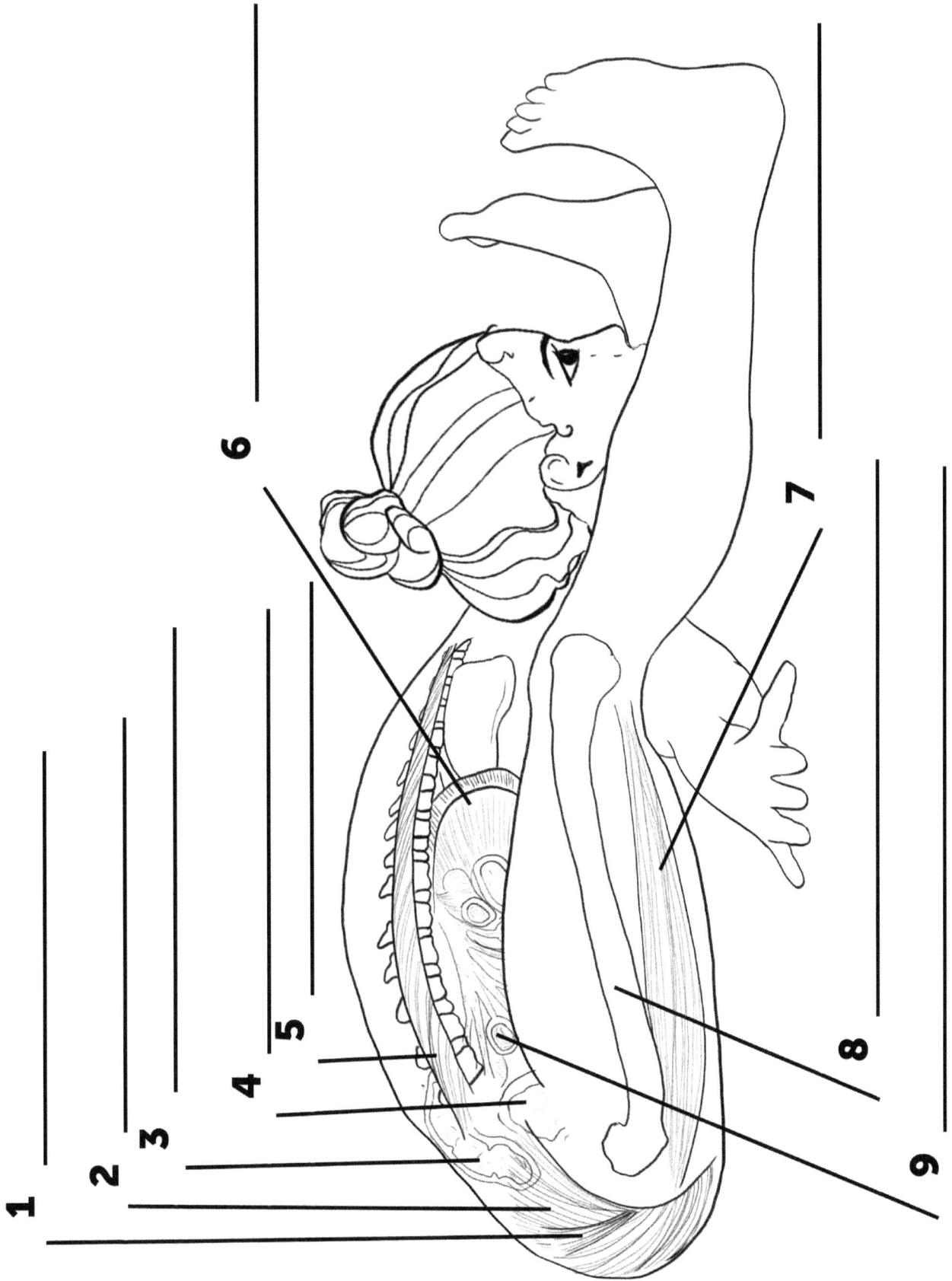

23. KURMASANA

1

2

3

4

5

6

7

8

9

23. KURMASANA

1. PIRIFORMIS
2. GLUTEUS MAXIMUS
3. REKTUM
4. BLASE
5. MUSKELN DER WIRBELSÄULE
6. DIAPHRAGMA
7. HAMSTRINGS
8. OBERSCHENKELKNOCHEN
9. DÜNNDARM-SPULEN

24. VIPARITA SALABHASANA

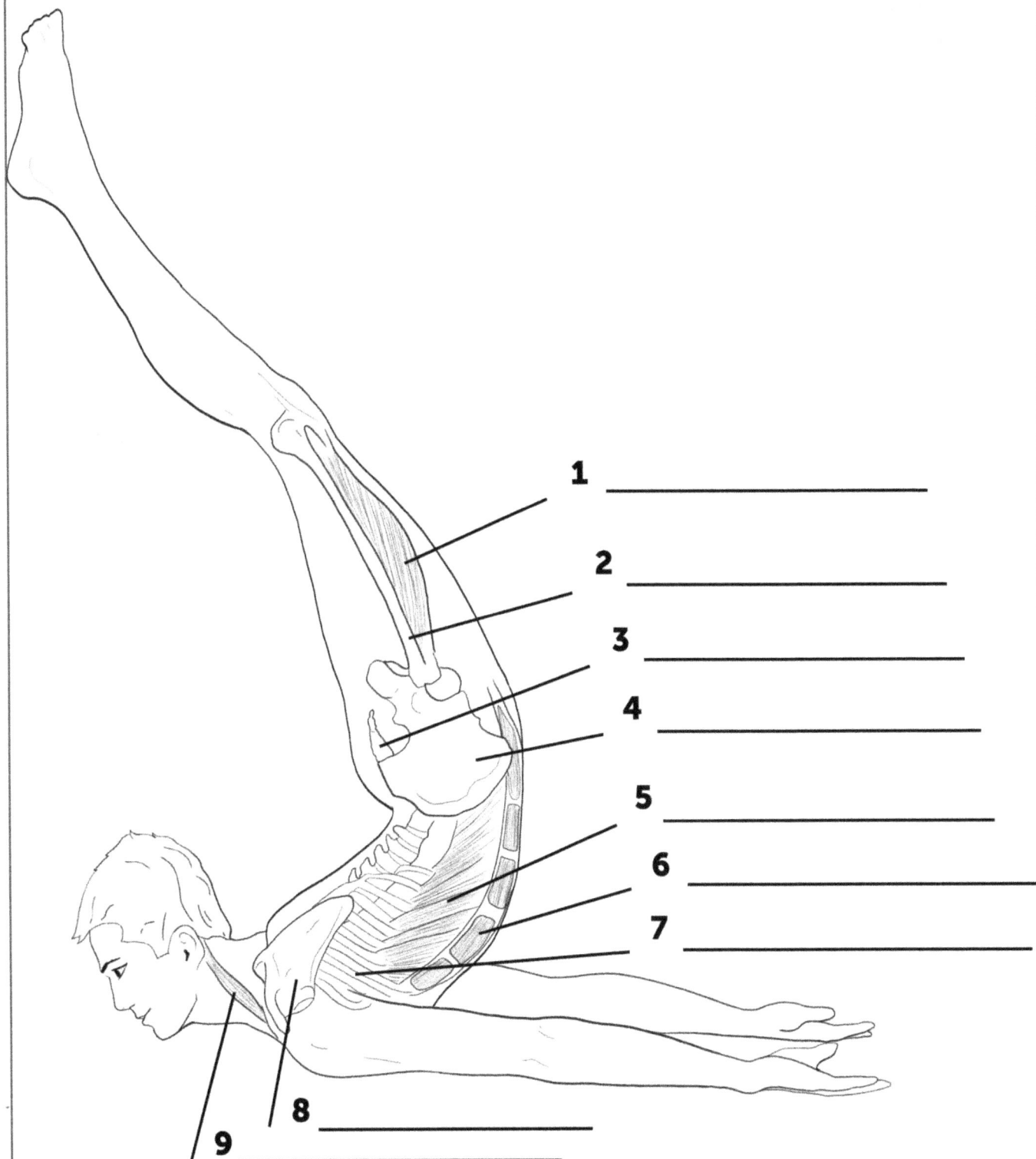

1 _____

2 _____

3 _____

4 _____

5 _____

6 _____

7 _____

8 _____

9 _____

24. VIPARITA SALABHASANA

1. QUADRIZEPS

2. OBERSCHENKELKNOCHEN

3. KREUZBEIN

4. BECKEN

5. AUßENWINKEL

6. RECTUS ABDOMINIS

7. KÜSTEN

8. SCHULTERBLATT

9. STERNOCLEIDOMASTOIDEUS

25. DEN SCHLAFENDEN YOGI ABLEGEN

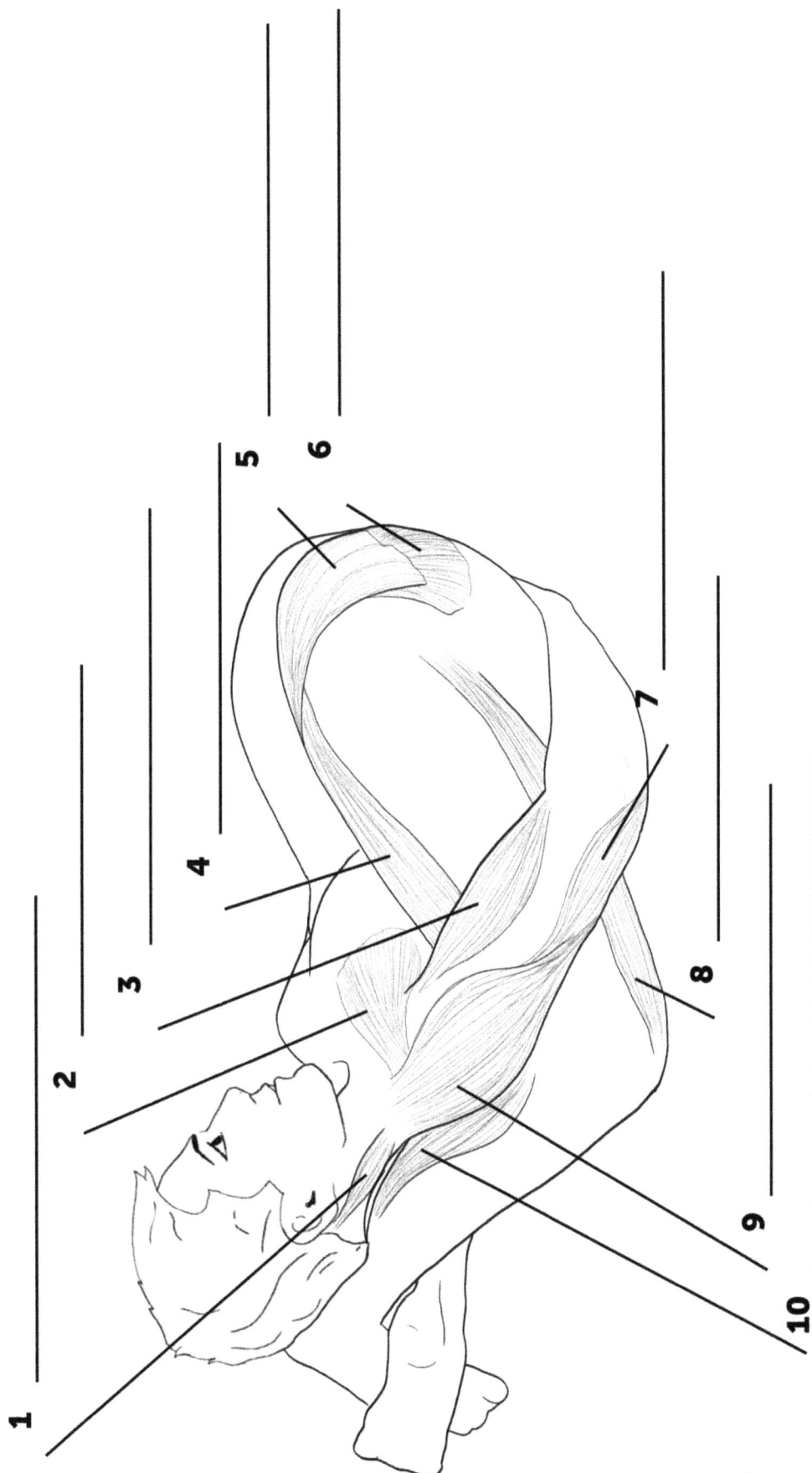

1

2

3

4

5

6

7

8

9

10

25. DEN SCHLAFENDEN YOGI ABLEGEN

1. STERNOCLEIDOMASTOIDEUS
2. PECTORALIS MAJOR
3. BIZEPS BRACHII
4. HAMSTRINGS
5. GLUTEUS MAXIMUS
6. DURCHSCHNITTLICHE POBACKEN
7. TRIZEPS BRACHII
8. QUADRIZEPS
9. DELTOID
10. GASTROCNEMIUS

26. LEGEN DER TAUBE

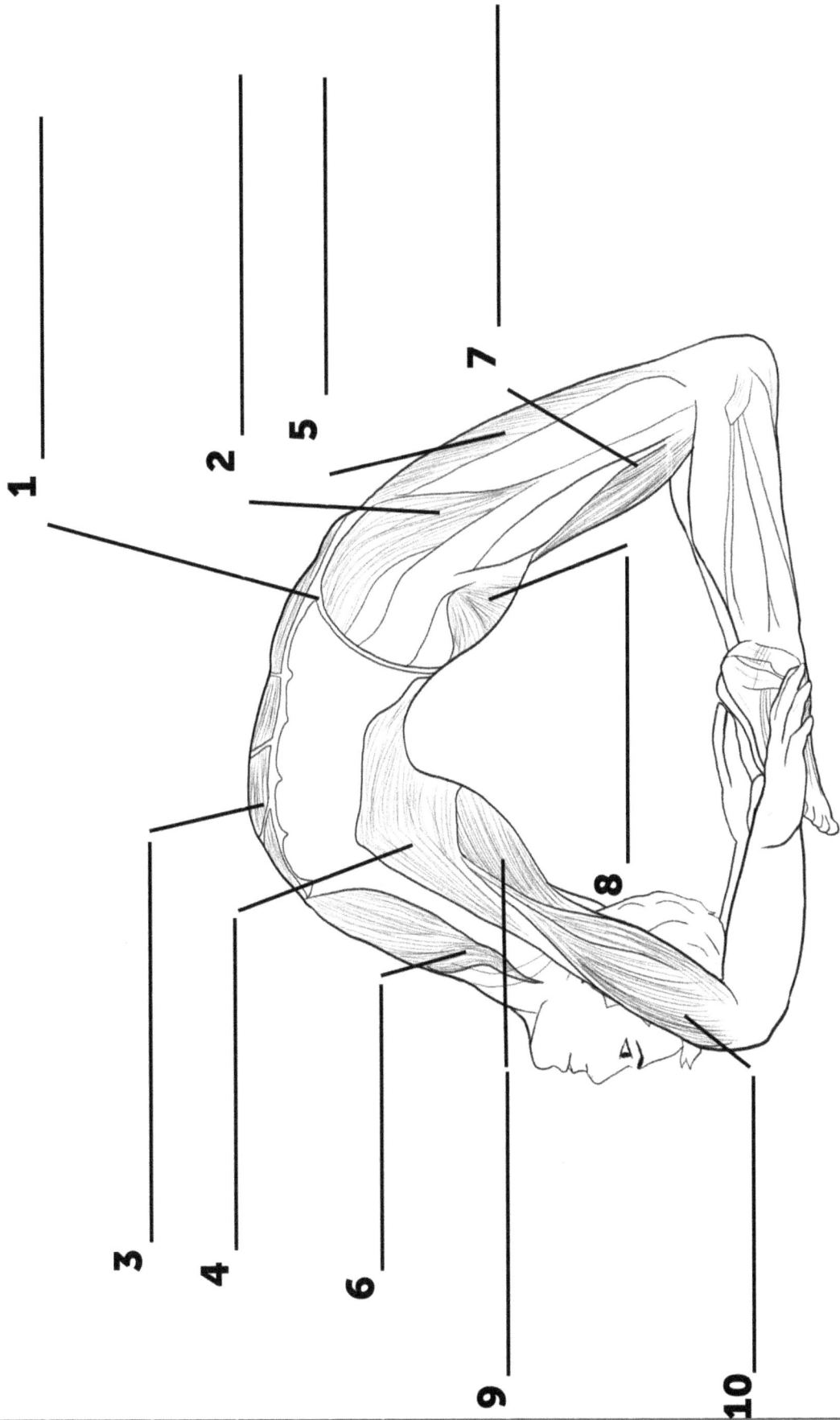

1

2

5

7

3

4

6

9

8

10

26. LEGEN DER TAUBE

1.   ILIOPSOAS

2.   TENSOR FASCIA LATA

3.   RECTUS ABDOMINIS

4.   LATISSIMUS DORSI

5.   QUADRIZEPS

6.   PECTORALIS MAJOR

7.   HAMSTRINGS

8.   GLUTEUS MAXIMUS

9.   EREKTOR SPINAE

10. TRIZEPS BRACHII

27. WINKELGESCHLOSSENE BIRNBAUMANLAGE

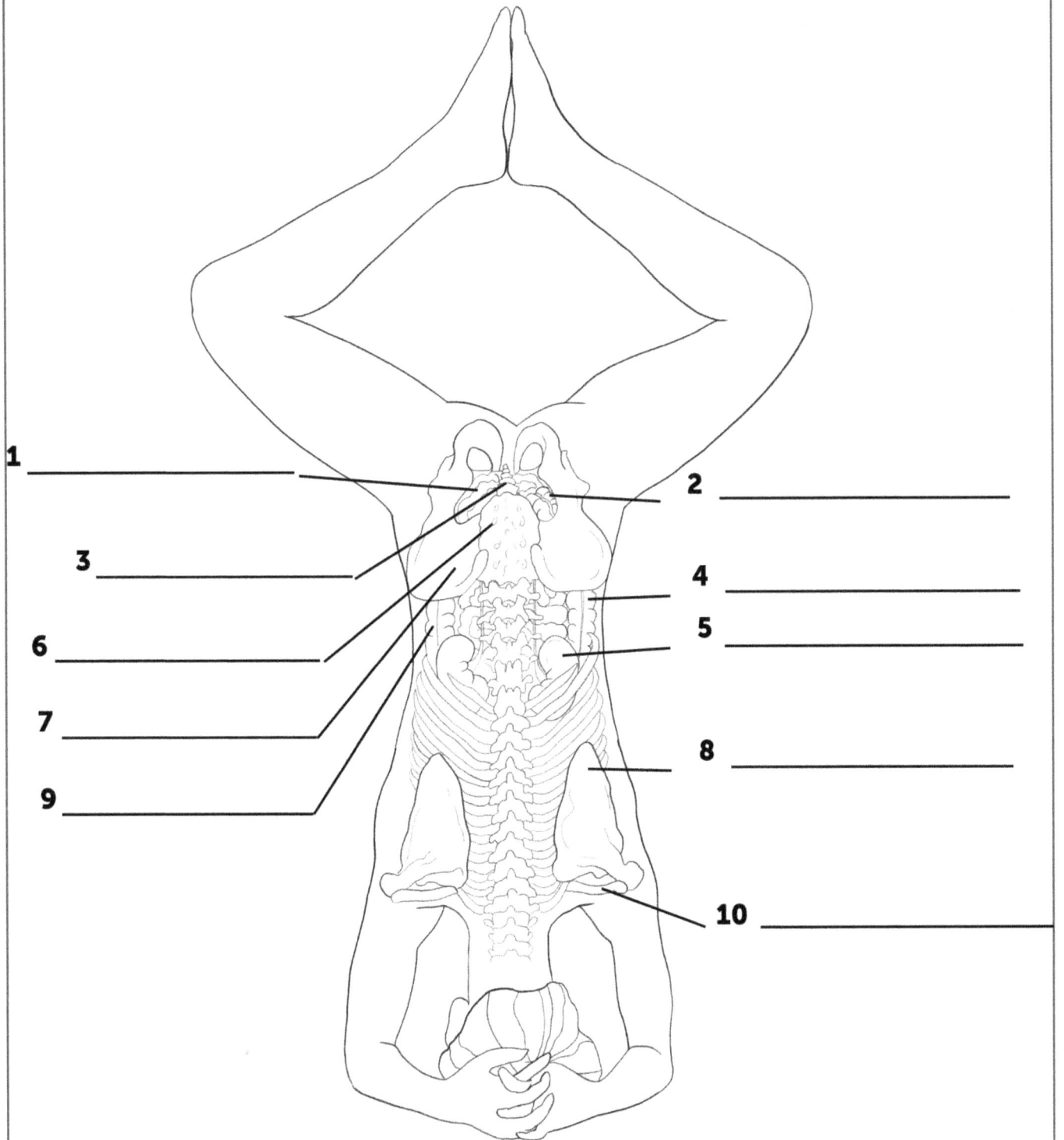

1 _____

2 _____

3 _____

4 _____

5 _____

6 _____

7 _____

8 _____

9 _____

10 _____

27. WINKELGESCHLOSSENE BIRNBAUMANLAGE

1. DÜNNDARMSCHLINGEN
2. COLON SIGMOIDEUM
3. STEIßBEIN
4. ABSTEIGENDER DICKDARM
5. NIERE
6. KREUZBEIN
7. BECKEN
8. SCHULTERBLATT
9. AUFSTEIGENDER DICKDARM
10. SCHLÜSSELBEIN

28. VISVAMITRASANA II

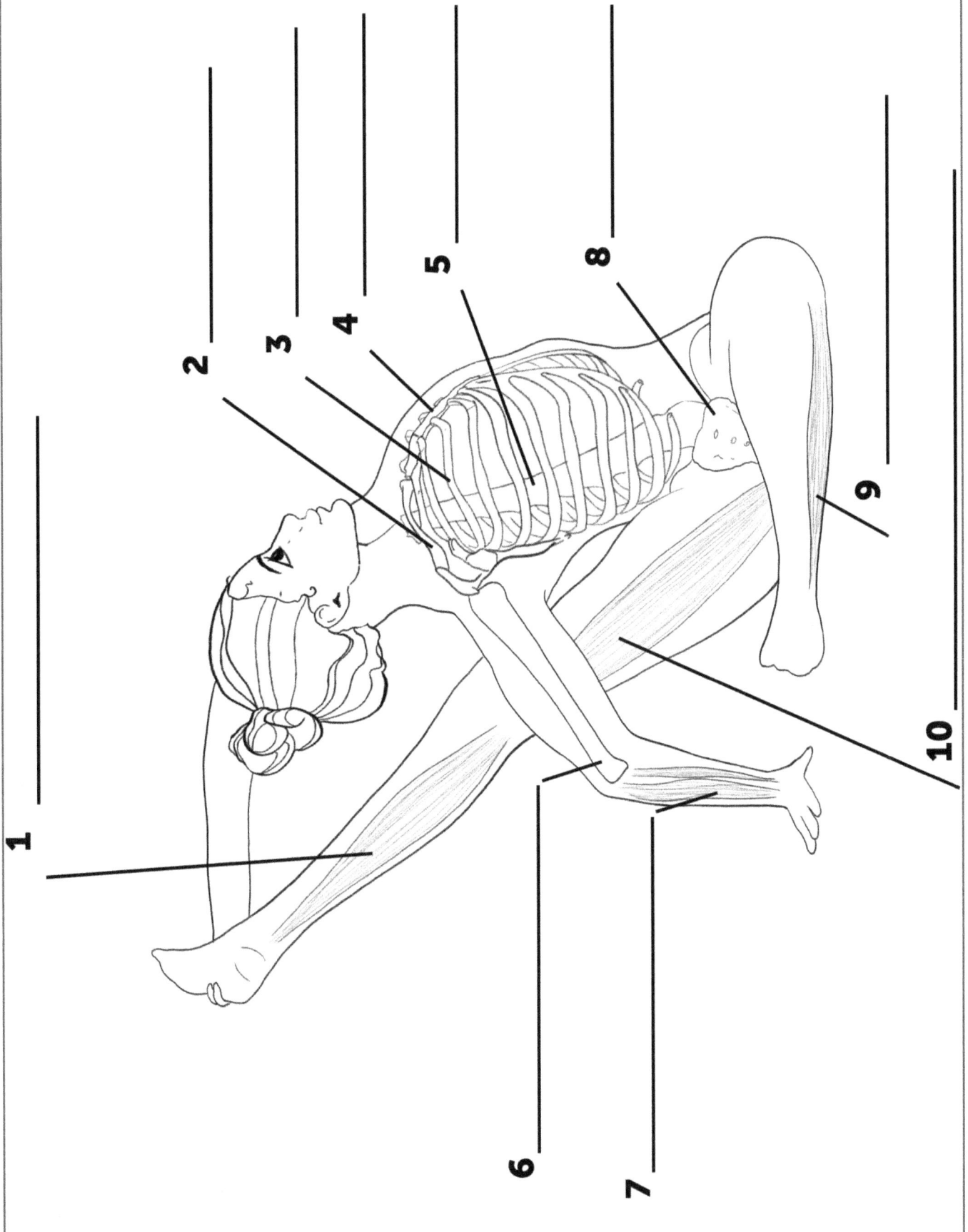

1

2

3

4

5

6

7

8

9

10

28. VISVAMITRASANA II

1. GASTROKNISTER
2. KRAGENBE
3. KÜSTEN
4. STERNUM
5. WIRBELSÄULE
6. OBERARMKNOCHEN
7. PRONATOREN
8. KREUZBEIN
9. TIBIALIS ANTERIOR
10. ACHILLESSEHNEN

29. SCHULTER LOTUS PLATZIERUNG

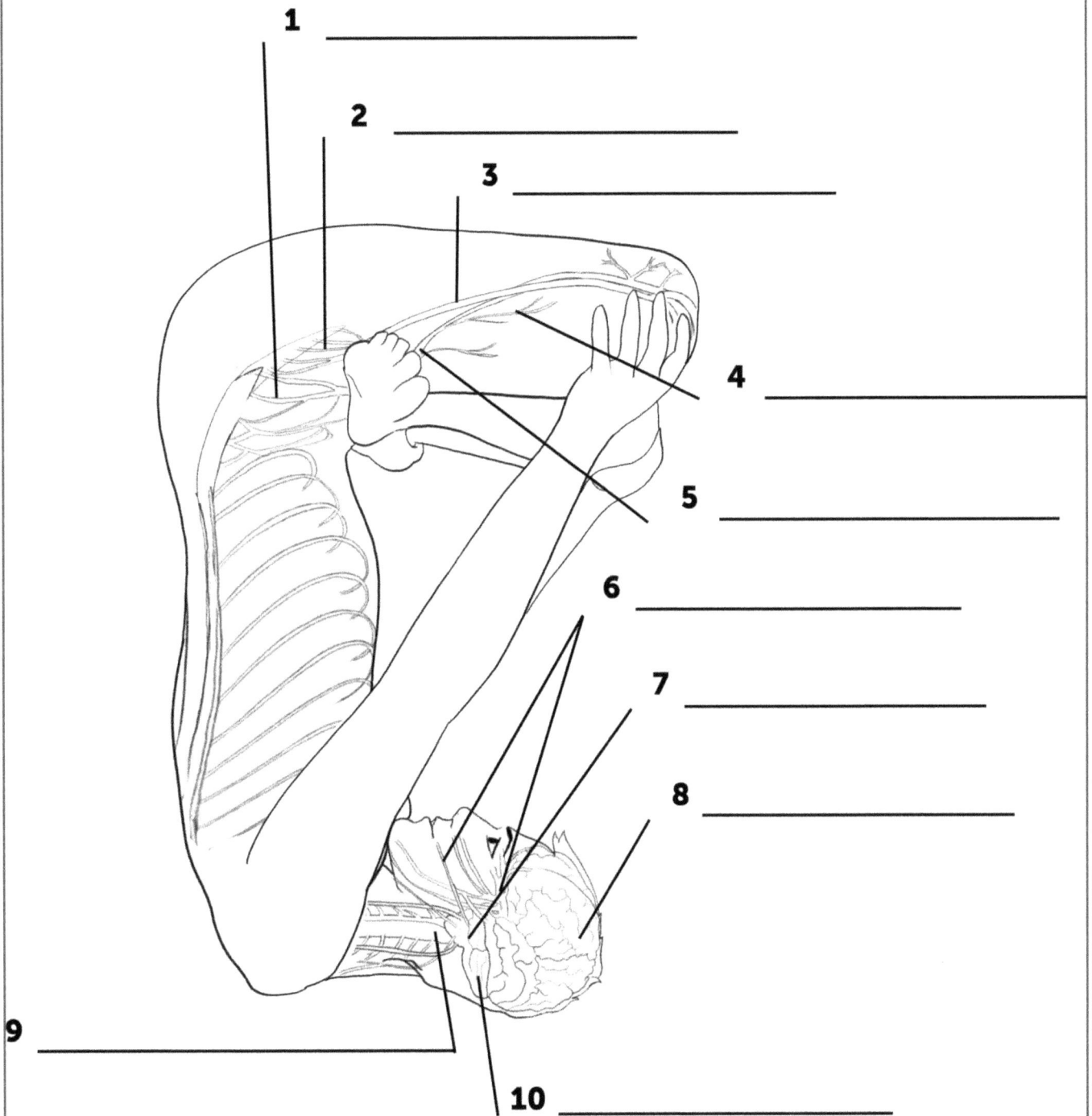

1 _____

2 _____

3 _____

4 _____

5 _____

6 _____

7 _____

8 _____

9 _____

10 _____

29. SCHULTER LOTUS PLATZIERUNG

1. LUMBALPLEXUS

2. DAS HEILIGE KNOTENGEFLECHT

3. ISCHIAS

4. MUSKULÄRE ÄSTE DES OBERSCHENKELS

5. OBERSCHENKEL

6. HIRNNERVEN

7. HIRNSTAMM

8. GEHIRN

9. RÜCKENMARK

10. KLEINHIRN

30. EINBEINIGES RAD MONTIEREN

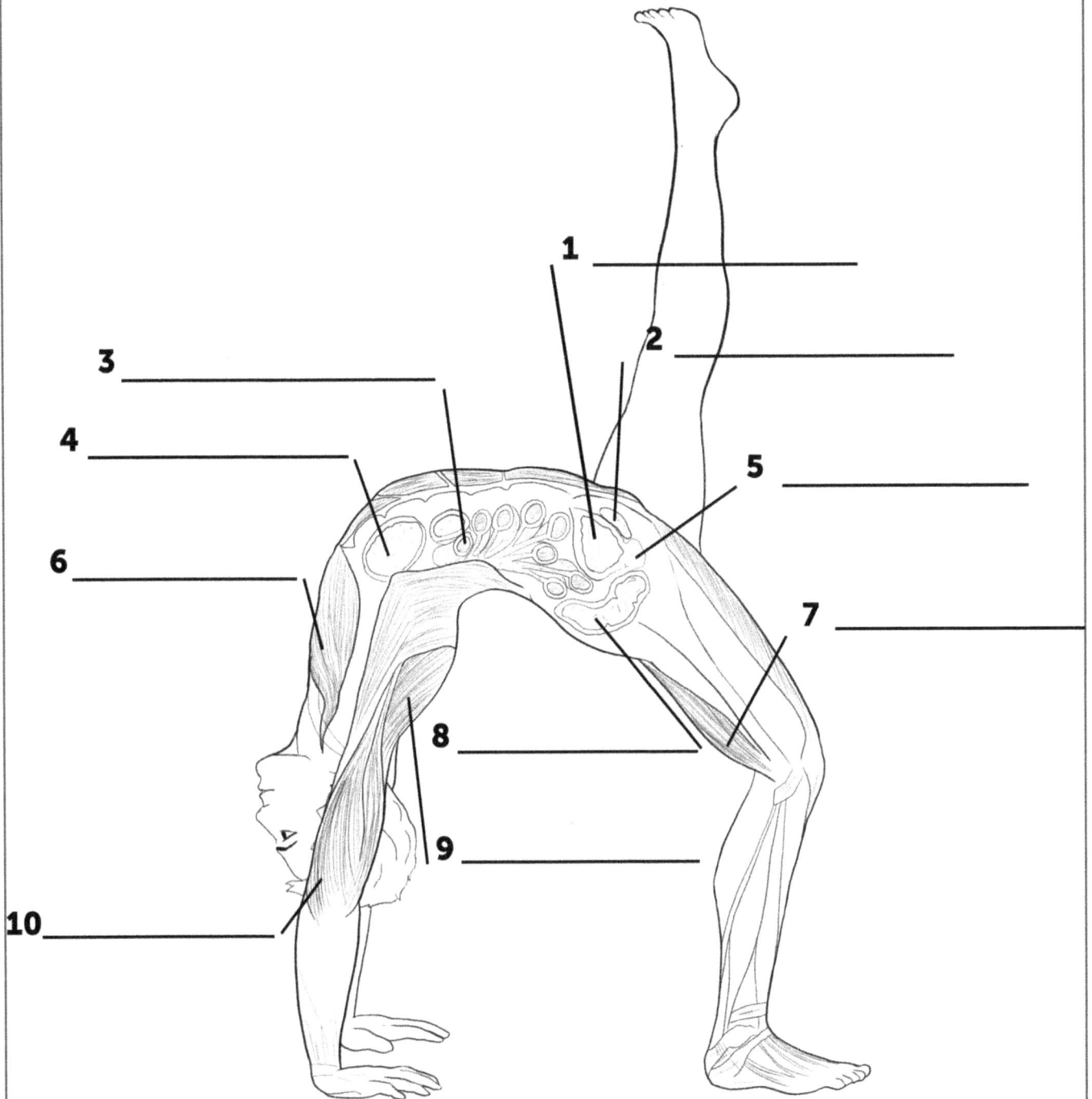

1 _____

2 _____

3 _____

4 _____

5 _____

6 _____

7 _____

8 _____

9 _____

10 _____

30. EINBEINIGES RAD MONTIEREN

1.   BLASE

2.   SCHAMBEIN

3.   DÜNNDARM-SPULEN

4.   MAGEN

5.   PROSTATA

6.   PECTORALIS MAJOR

7.   HAMSTRINGS

8.   REKTUM

9.   EREKTOR SPINAE

10.   TRIZEPS BRACHII

31. EINBEINIGE KRÜCKE

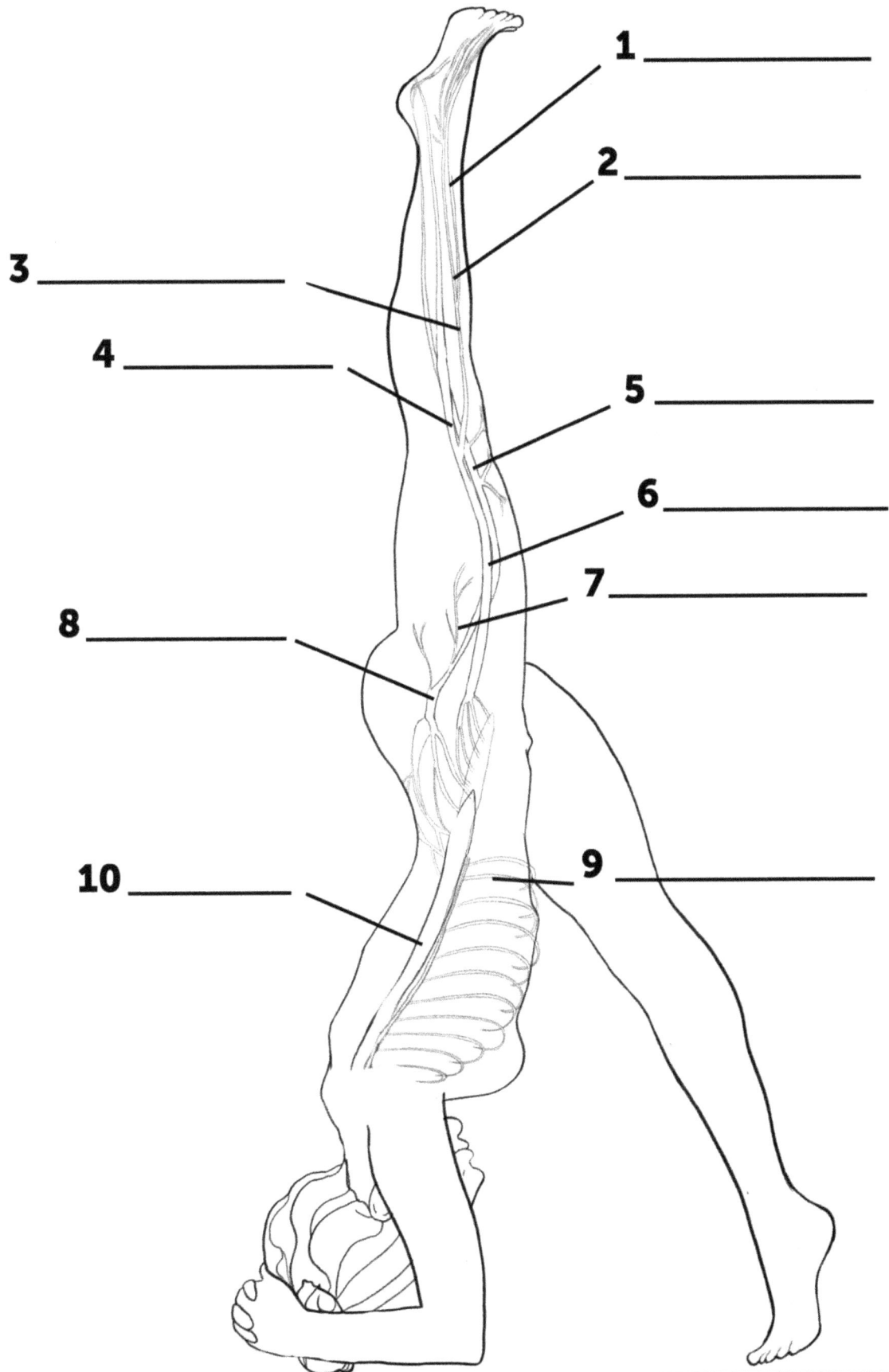

1 _____

2 _____

3 _____

4 _____

5 _____

6 _____

7 _____

8 _____

9 _____

10 _____

31. EINBEINIGE KRÜCKE

1. OBERFLÄCHLICHES PERONEUM
2. TIEF PERONEAL
3. GEMEINSAM PERONEUS
4. TIBIA
5. VENA SAPHENA MAGNA
6. ISCHIAS
7. MUSKULÄRE ÄSTE DES OBERSCHENKELS
8. OBERSCHENKEL
9. INTERCOSTALES
10. RÜCKENMARK

32. SUPTA VISVAMITRASANA

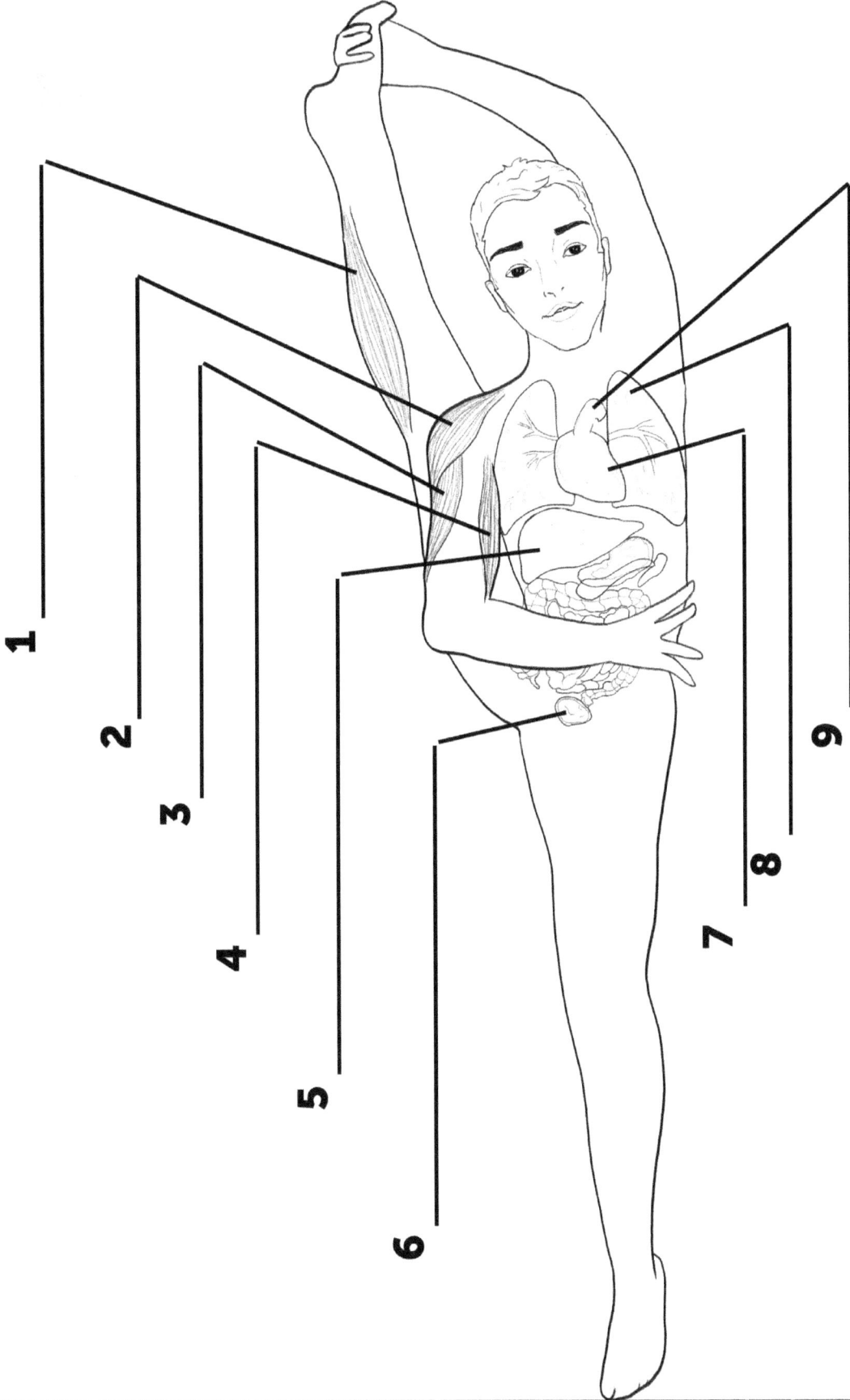

1

2

3

4

5

6

7

8

9

32. SUPTA VISVAMITRASANA

1. GASTROCNÉMIENS
2. DELTOID
3. TRIZEPS BRACHII
4. BIZEPS BRACHII
5. LEBER
6. BLASE
7. HERZ
8. LUNGE
9. AORTA

33. HOCHKLAPPEN UND NACH VORNE KLAPPEN

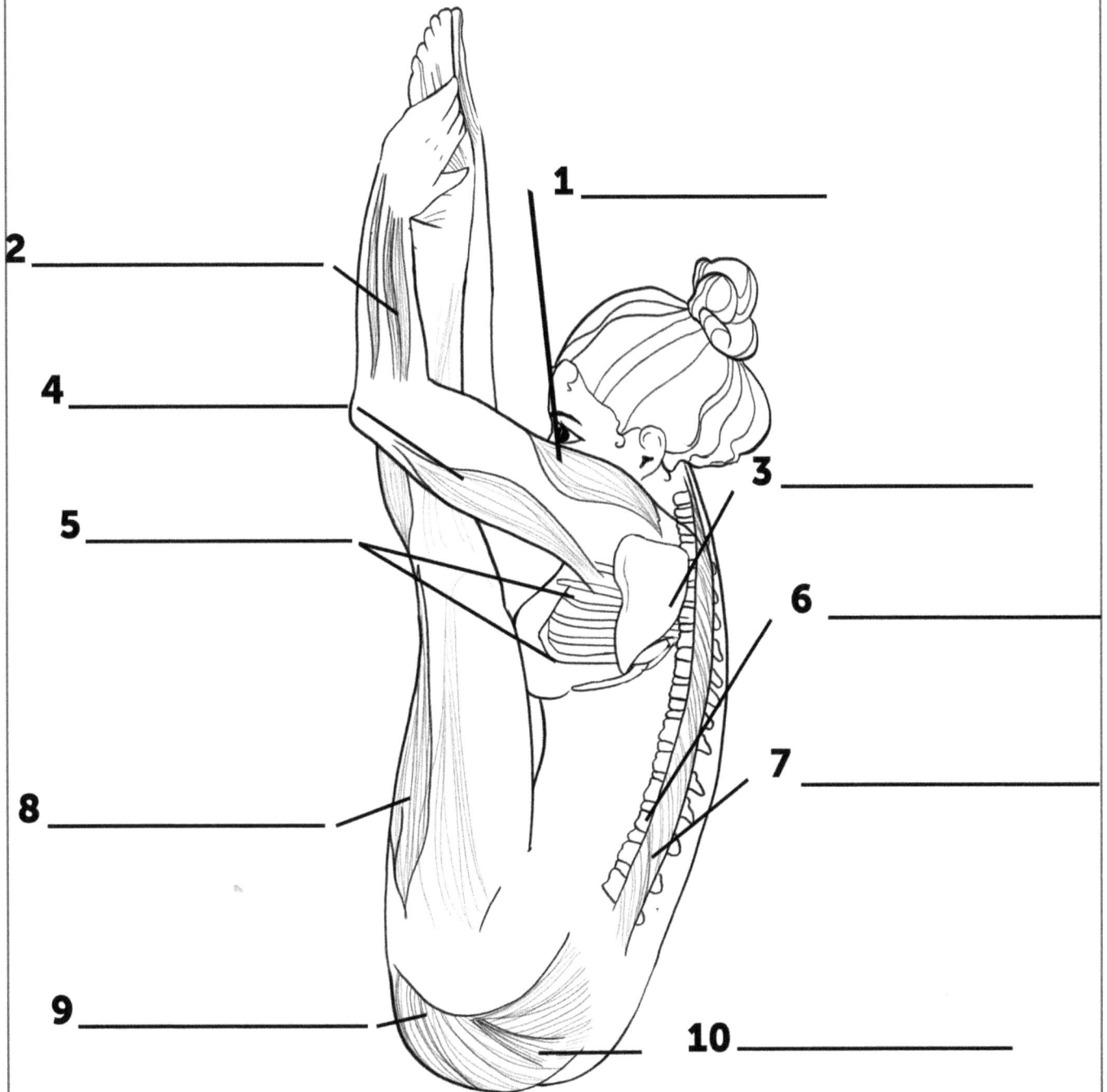

1 _____

2 _____

4 _____

5 _____

3 _____

6 _____

7 _____

8 _____

9 _____

10 _____

33. HOCHKLAPPEN UND NACH VORNE KLAPPEN

1. DELTOID

2. PRONATOREN

3. SCHULTERBLATT

4. TRIZEPS BRACHII

5. KÜSTEN

6. BACKBONE

7. MUSKELN DER WIRBELSÄULE

8. HAMSTRINGS

9. GLUTEUS MAXIMUS

10. PIRIFORMIS

34. WEITWINKLIGE, NACH OBEN GERICHTETE SITZPOSITION

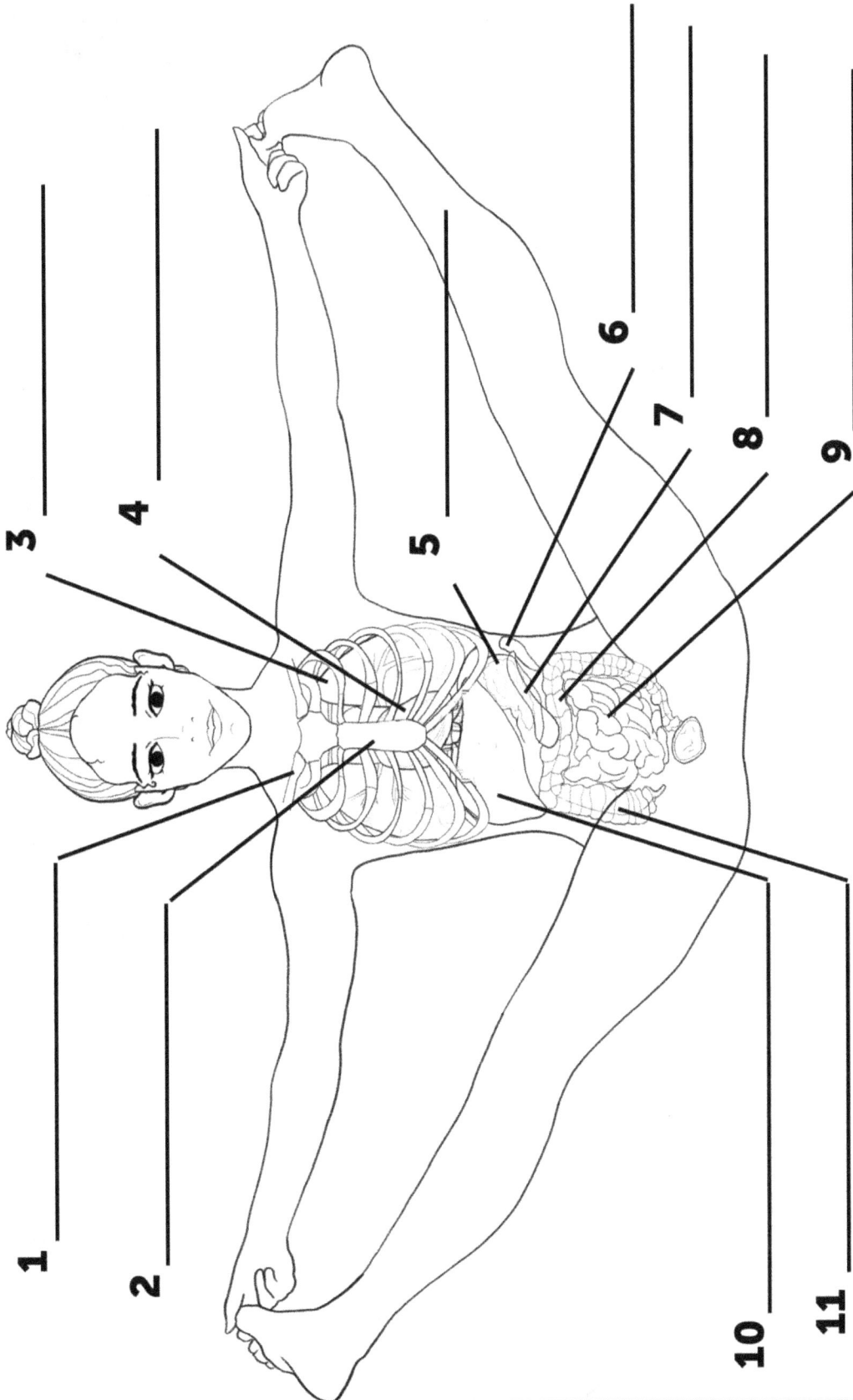

1

2

3

4

5

6

7

8

9

10

11

34. WEITWINKLIGE, NACH OBEN GERICHTETE SITZPOSITION

1. KRAGENBE
2. STERNUM
3. LUNGE
4. HERZ
5. MAGEN
6. SPLEEN
7. BAUCHSPEICHELDRÜSE
8. QUERKOLON
9. DÜNNDARM-SPULEN
10. LEBER
11. AUFSTEIGENDER DICKDARM

35. VISVAMITRASANA

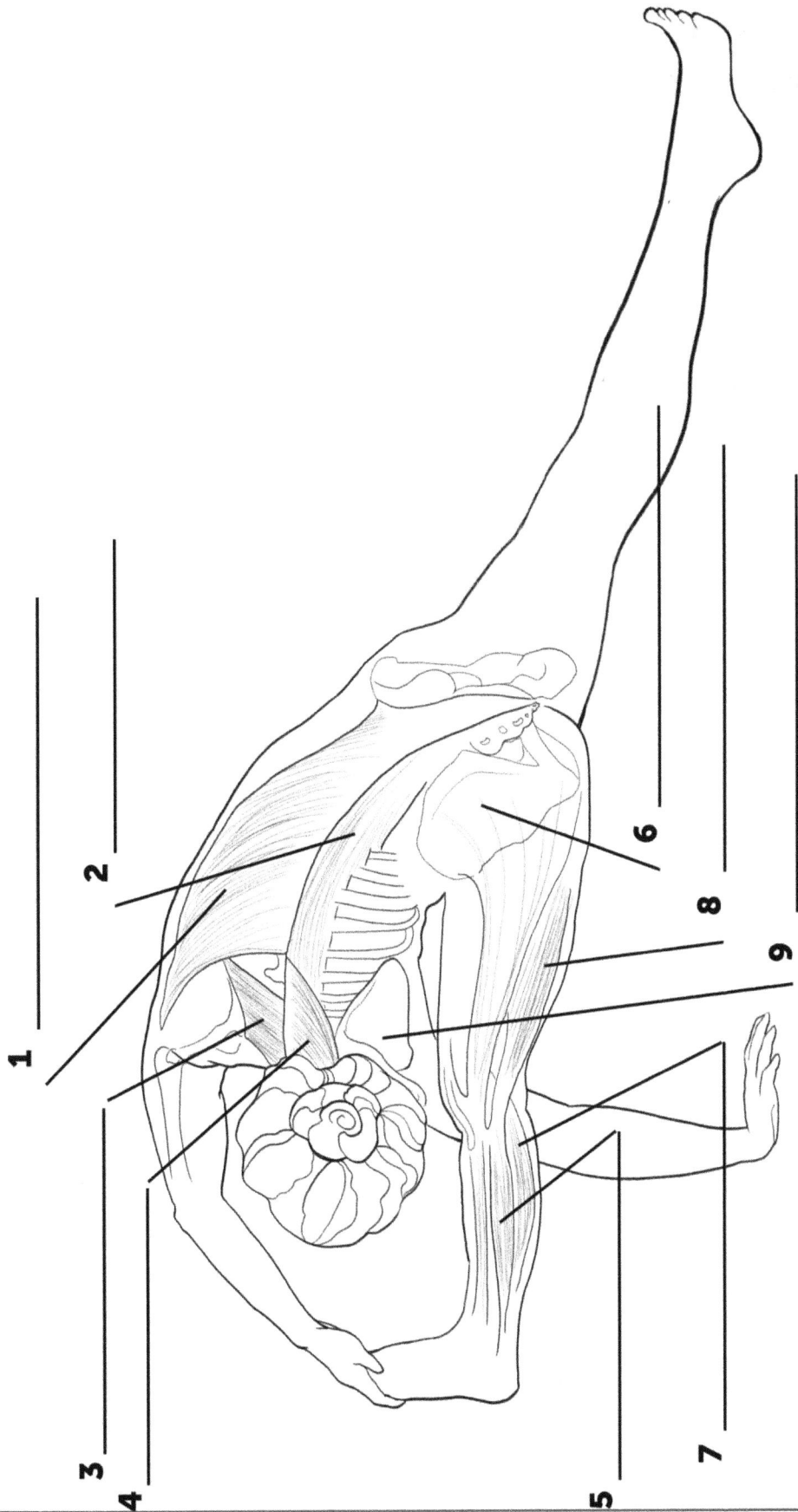

1

2

3

4

5

6

7

8

9

35. VISVAMITRASANA

1. LATISSIMUS DORSI
2. EREKTOR SPINAE
3. RHOMBOIDE
4. TRAPEZ
5. SOLEUS
6. BECKEN
7. GASTROKNISTER
8. HAMSTRINGS
9. SKAPULA

36. VERBUNDEN SKANDASANA

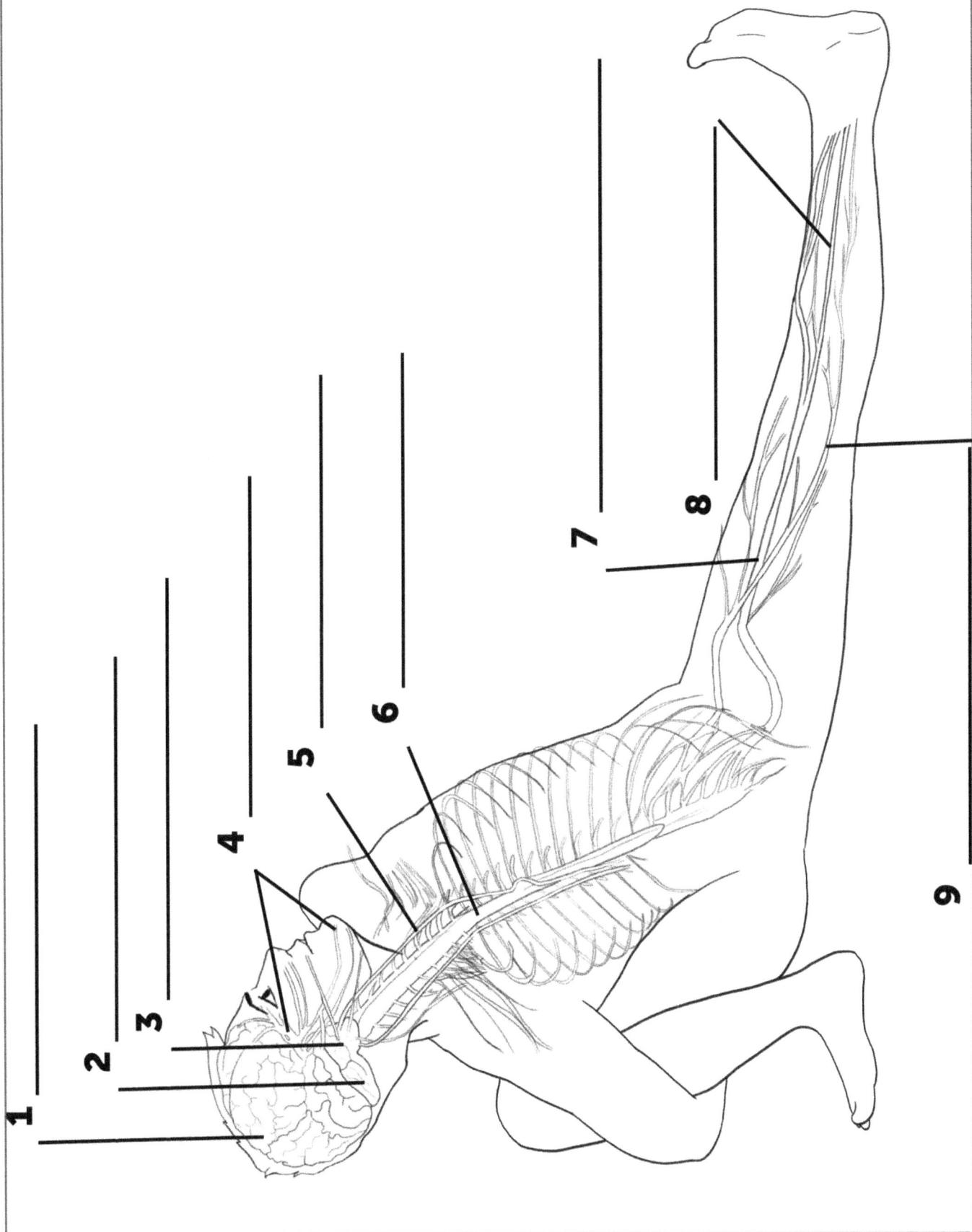

1

2

3

4

5

6

7

8

9

36. VERBUNDEN SKANDASANA

1. GEHIRN
2. CERVELET
3. HIRNSTAMM
4. HIRNNERVEN
5. VAGUS
6. RÜCKENMARK
7. ISCHIAS
8. SCHIENBEIN
9. VENA SAPHENA MAGNA

37. ANDÄCHTIGE KRIEGER-POSE

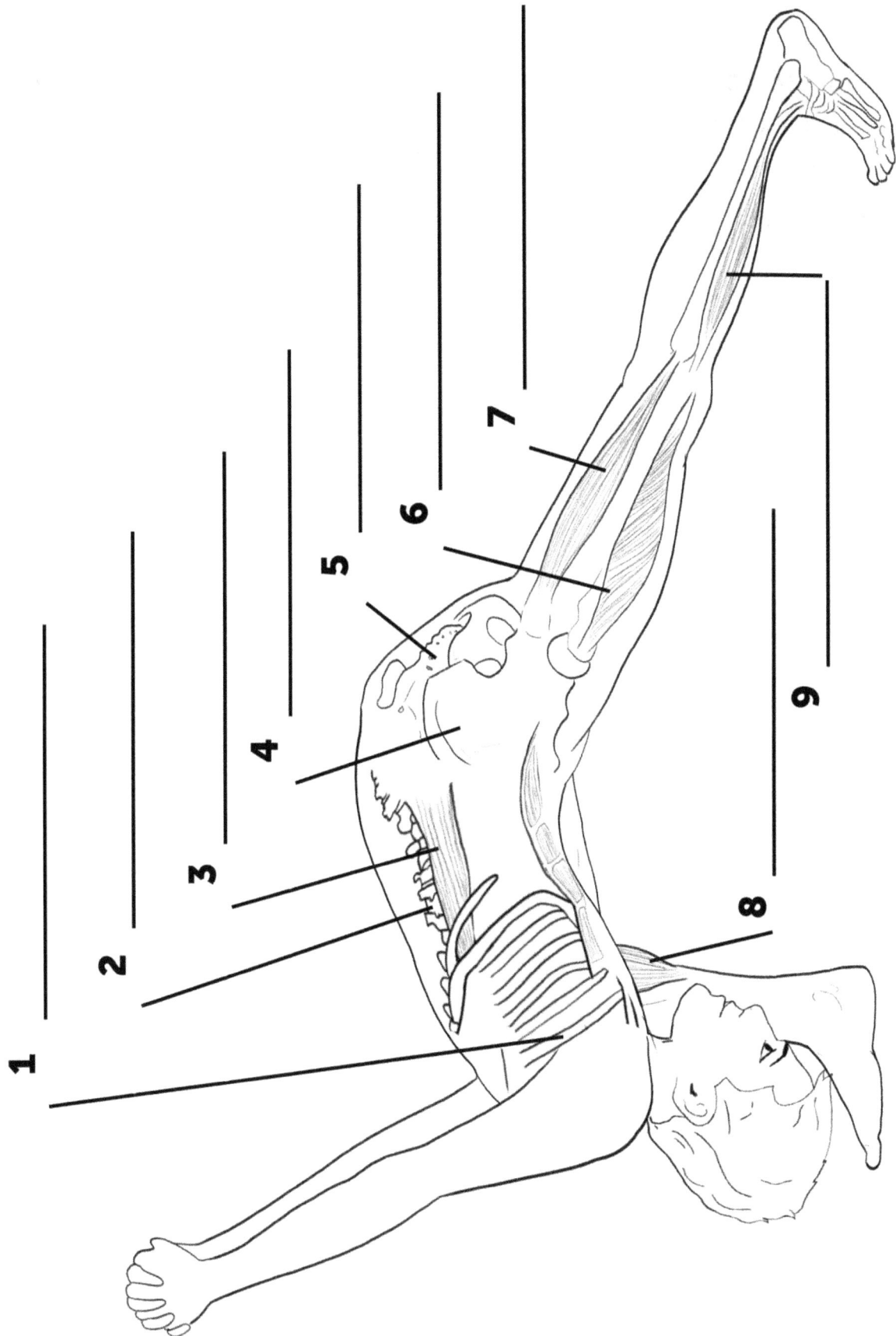

1

2

3

4

5

6

7

8

9

37. ANDÄCHTIGE KRIEGER-POSE

1. KÜSTEN
2. WIRBELSÄULE
3. EREKTOR SPINAE
4. BECKEN
5. KREUZBEIN
6. QUADRIZEPS
7. HAMSTRINGS
8. GASTROKNISTER
9. TIBIALIS ANTERIOR

38. GEBUNDENE EIDECHSENPLATZIERUNG

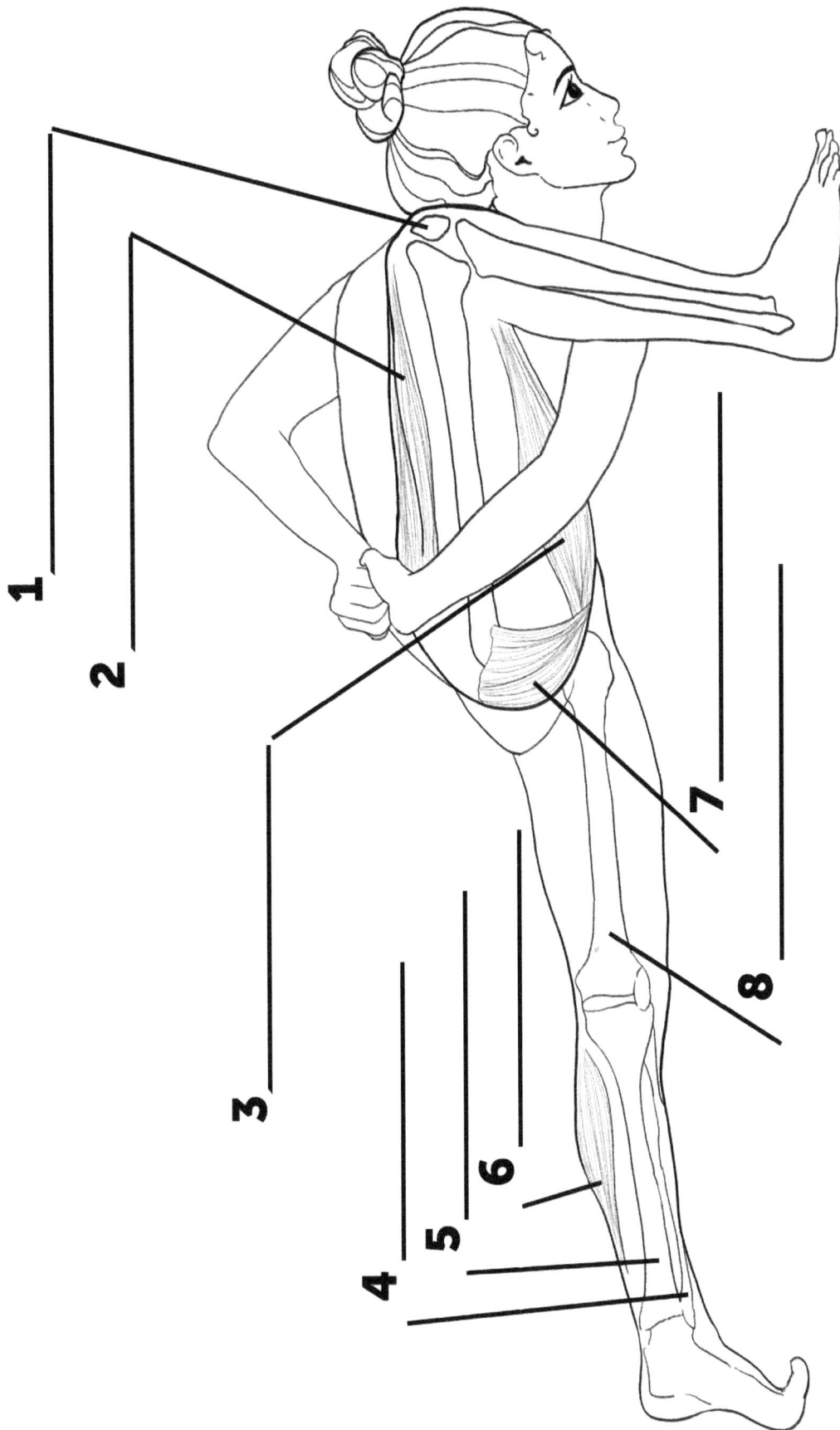

1

2

3

4

5

6

7

8

38. GEBUNDENE EIDECHSENPLATZIERUNG

1.   PATELLA
2.   QUADRIZEPS
3.   HAMSTRINGS
4.   WADENBEIN
5.   SCHIENBEIN
6.   GASTROKNISTER
7.   GLUTEUS MAXIMUS
8.   OBERSCHENKELKNOCHEN

39. STEHENDE TEILUNG

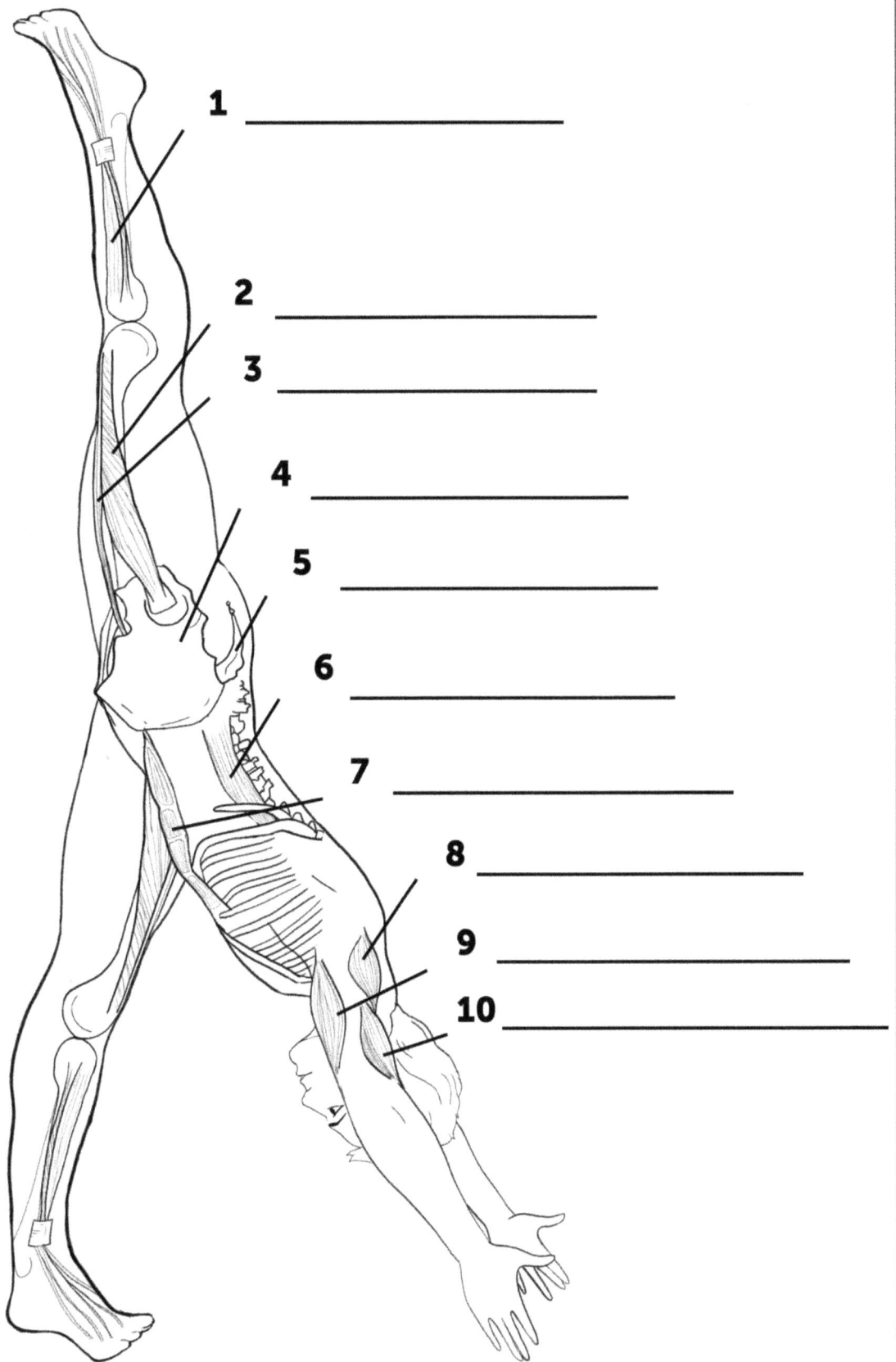

1 _____

2 _____

3 _____

4 _____

5 _____

6 _____

7 _____

8 _____

9 _____

10 _____

39. STEHENDE TEILUNG

1. TIBIALIS ANTERIOR
2. RECTUS FEMORIS (OBERSCHENKELMUSKEL)
3. SARTORIUS
4. BECKEN
5. KREUZBEIN
6. EREKTOR SPINAE
7. RECTUS ABDOMINIS
8. DELTOID
9. BIZEPS BRACHII
10. TRIZEPS BRACHII

40. VERBUNDENER KRIEGER III

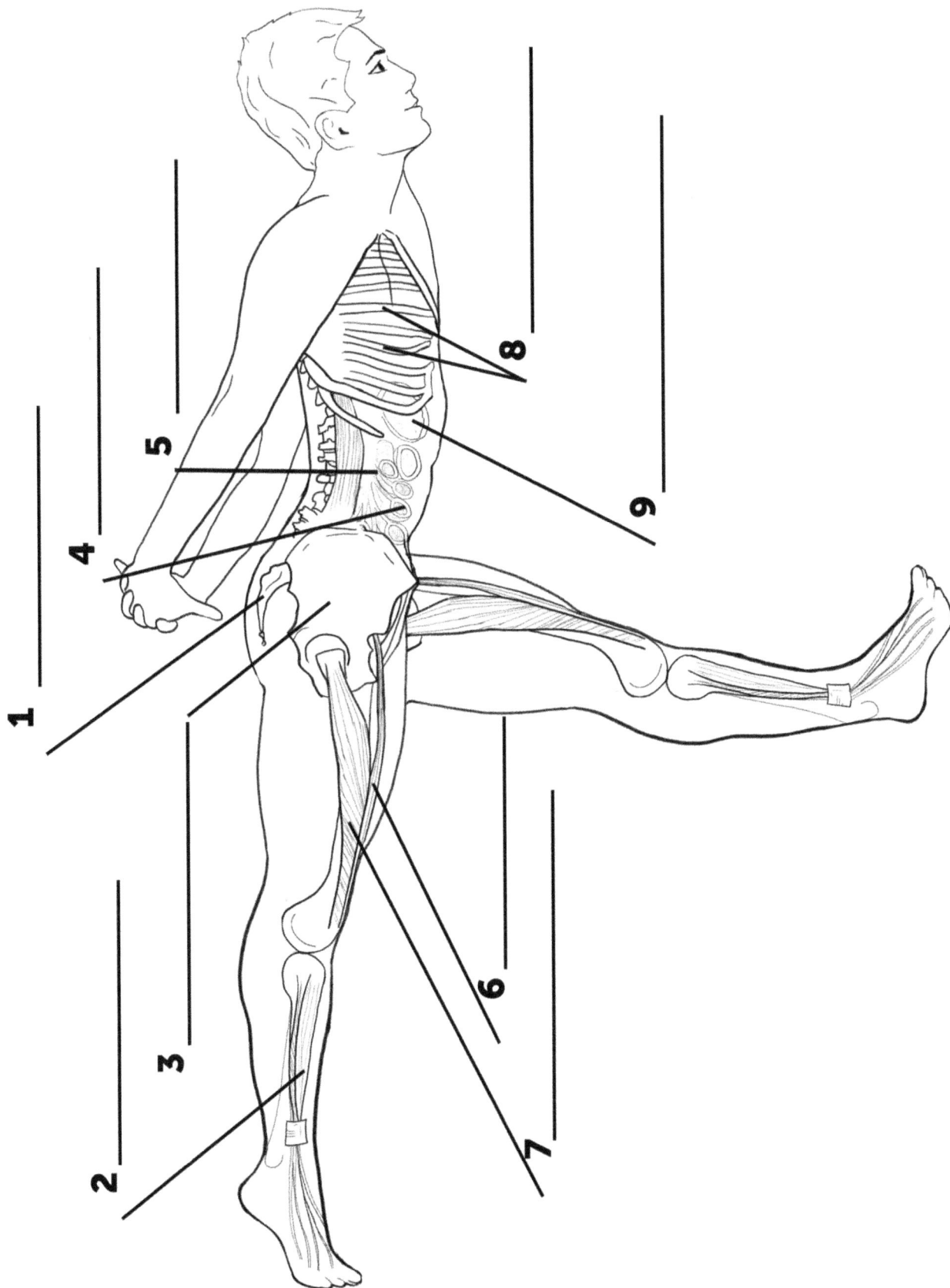

40. VERBUNDENER KRIEGER III

1. KREUZBEIN
2. TIBIALIS ANTERIOR
3. BECKEN
4. DÜNNDARM-SPULEN
5. MESENTERIUM DES DÜNNDARMS
6. SARTORIUS
7. RECTUS FEMORIS (OBERSCHENKELMUSKEL)
8. KÜSTEN
9. MAGEN

41. GEBUNDENE FRONTFALTE

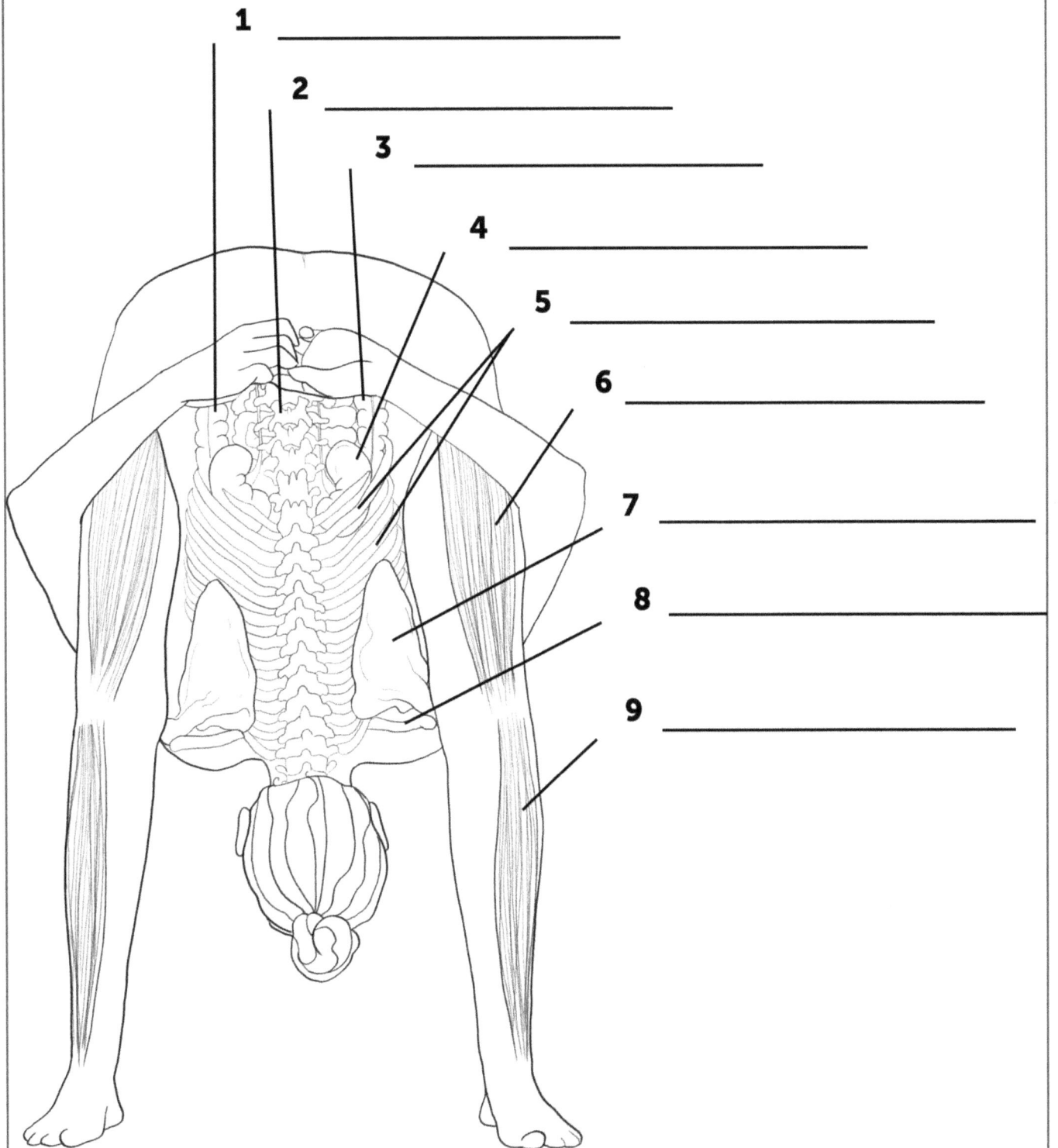

1 _____

2 _____

3 _____

4 _____

5 _____

6 _____

7 _____

8 _____

9 _____

41. GEBUNDENE FRONTFALTE

1. AUFSTEIGENDER DICKDARM

2. WIRBELSÄULE

3. ABSTEIGENDER DICKDARM

4. NIERE

5. KÜSTEN

6. QUADRIZEPS

7. SCHULTERBLATT

8. KRAGENBE

9. TIBIALIS ANTERIOR

42. STOFFPUPPEN-POSE

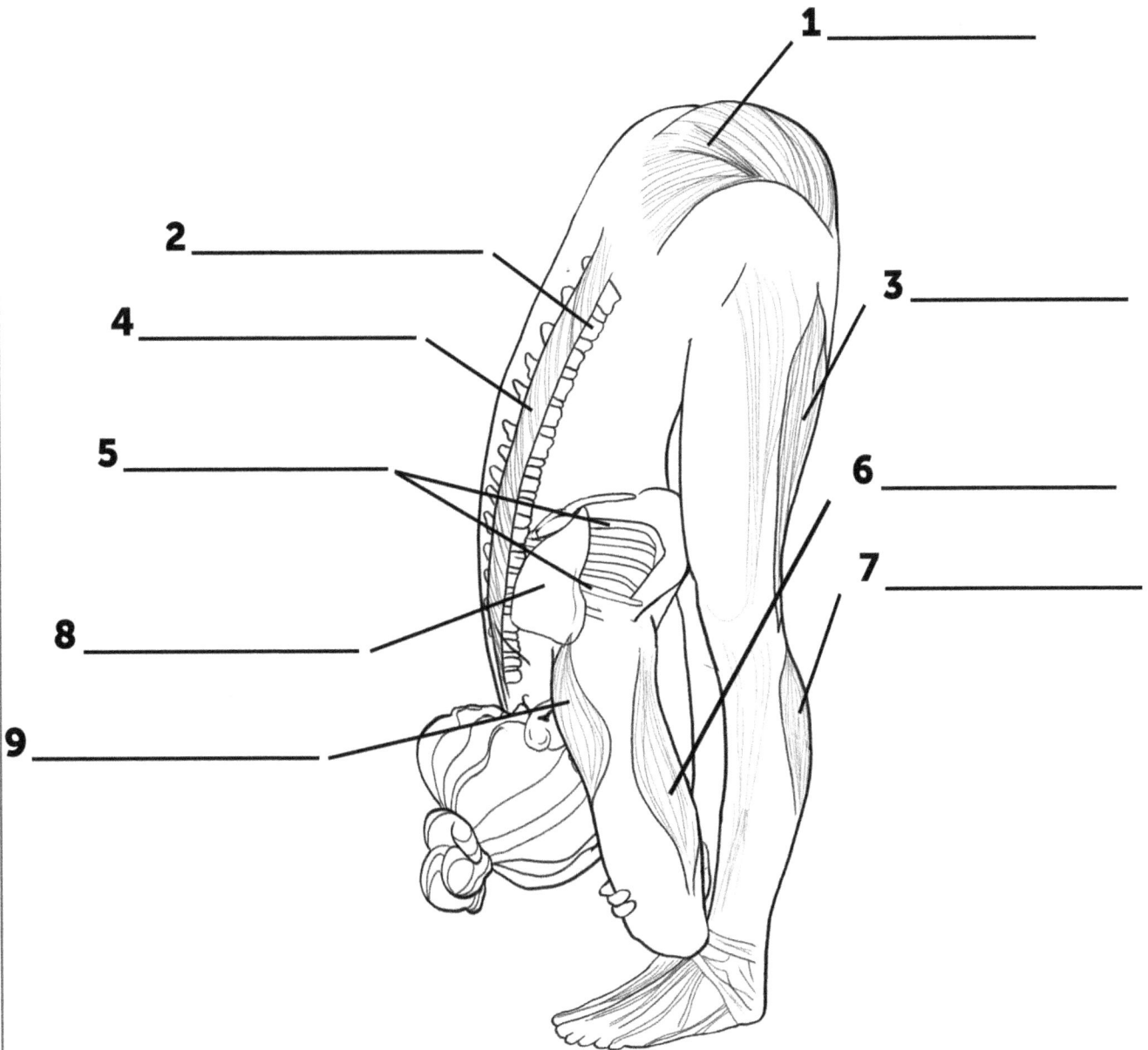

1 _____

2 _____

4 _____

3 _____

5 _____

6 _____

7 _____

8 _____

9 _____

42. STOFFPUPPEN-POSE

1. PIRIFORMIS
2. WIRBELSÄULE
3. HAMSTRINGS
4. MUSKELN DER WIRBELSÄULE
5. KÜSTEN
6. TRIZEPS BRACHII
7. GASTROKNISTER
8. SCHULTERBLATT
9. DELTOID

43. HALBE TAUBE LIEGEND IN RUHE

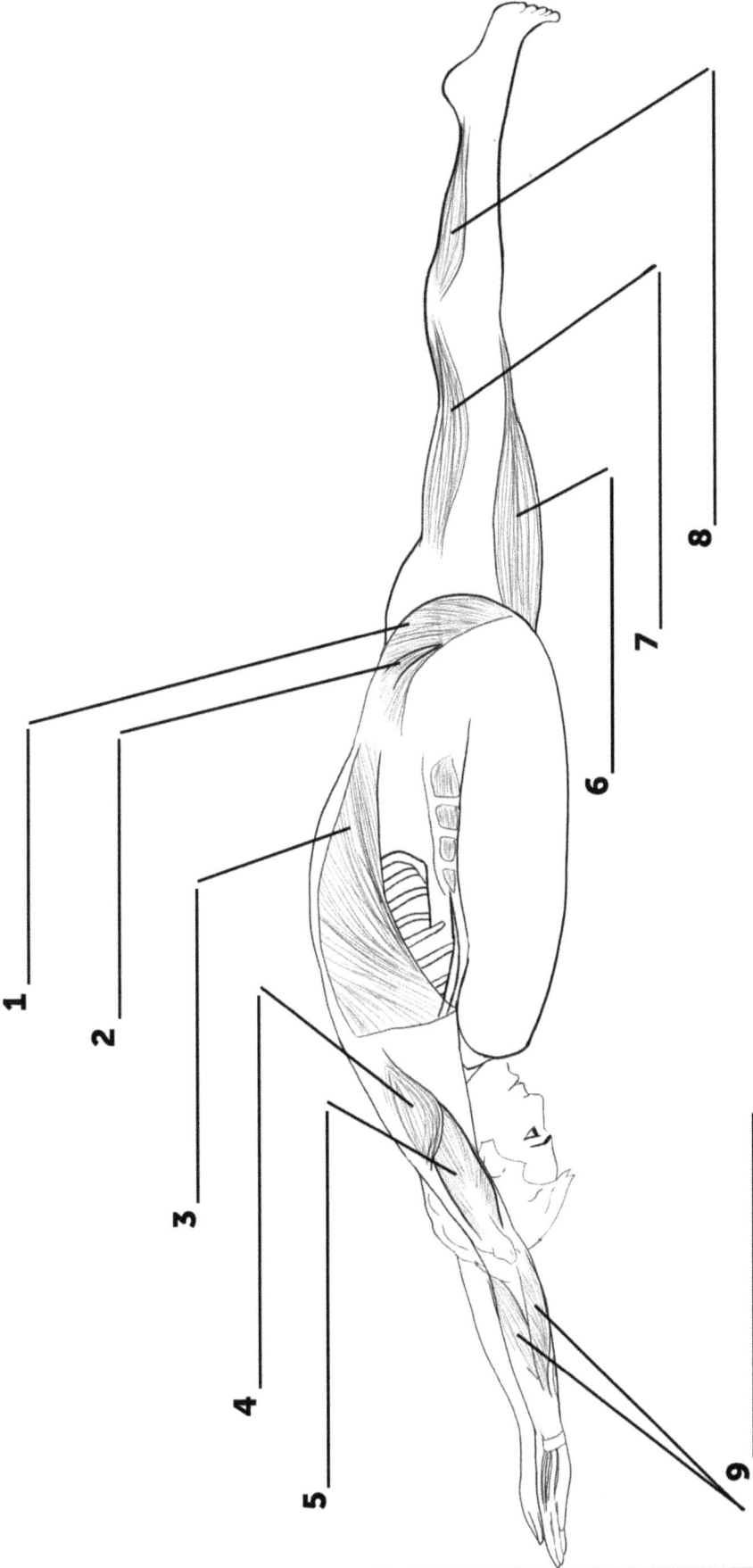

43. HALBE TAUBE LIEGEND IN RUHE

1. GLUTEUS MAXIMUS
2. PIRIFORMIS
3. LATISSIMUS DORSI
4. DELTOID
5. TRIZEPS BRACHII
6. QUADRIZEPS
7. HAMSTRINGS
8. GASTROKNISTER
9. PRONATOREN

44. EINBEINIGER UMGEDREHTER TISCH

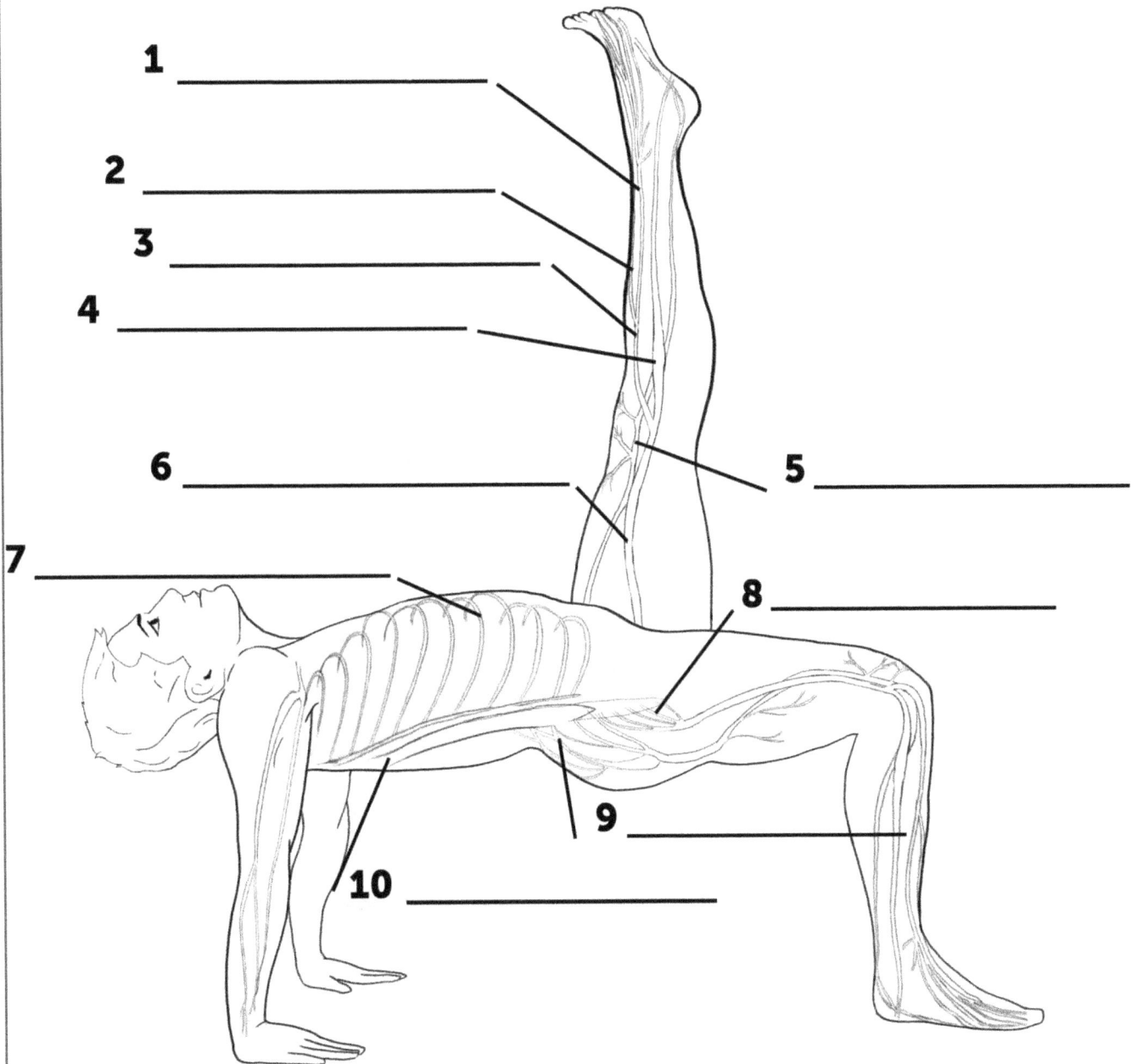

1 _____

2 _____

3 _____

4 _____

6 _____

5 _____

7 _____

8 _____

9 _____

10 _____

44. EINBEINIGER UMGEDREHTER TISCH

1. TIEF PERONEAL
2. OBERFLÄCHLICHES PERONEUM
3. GEMEINSAM PERONEUS
4. TIBIA
5. VENA SAPHENA MAGNA
6. ISCHIAS
7. INTERCOSTALES
8. DAS HEILIGE KNOTENGEFLECHT
9. LUMBALPLEXUS
10. RÜCKENMARK

45. EINBEINIGER RABE II

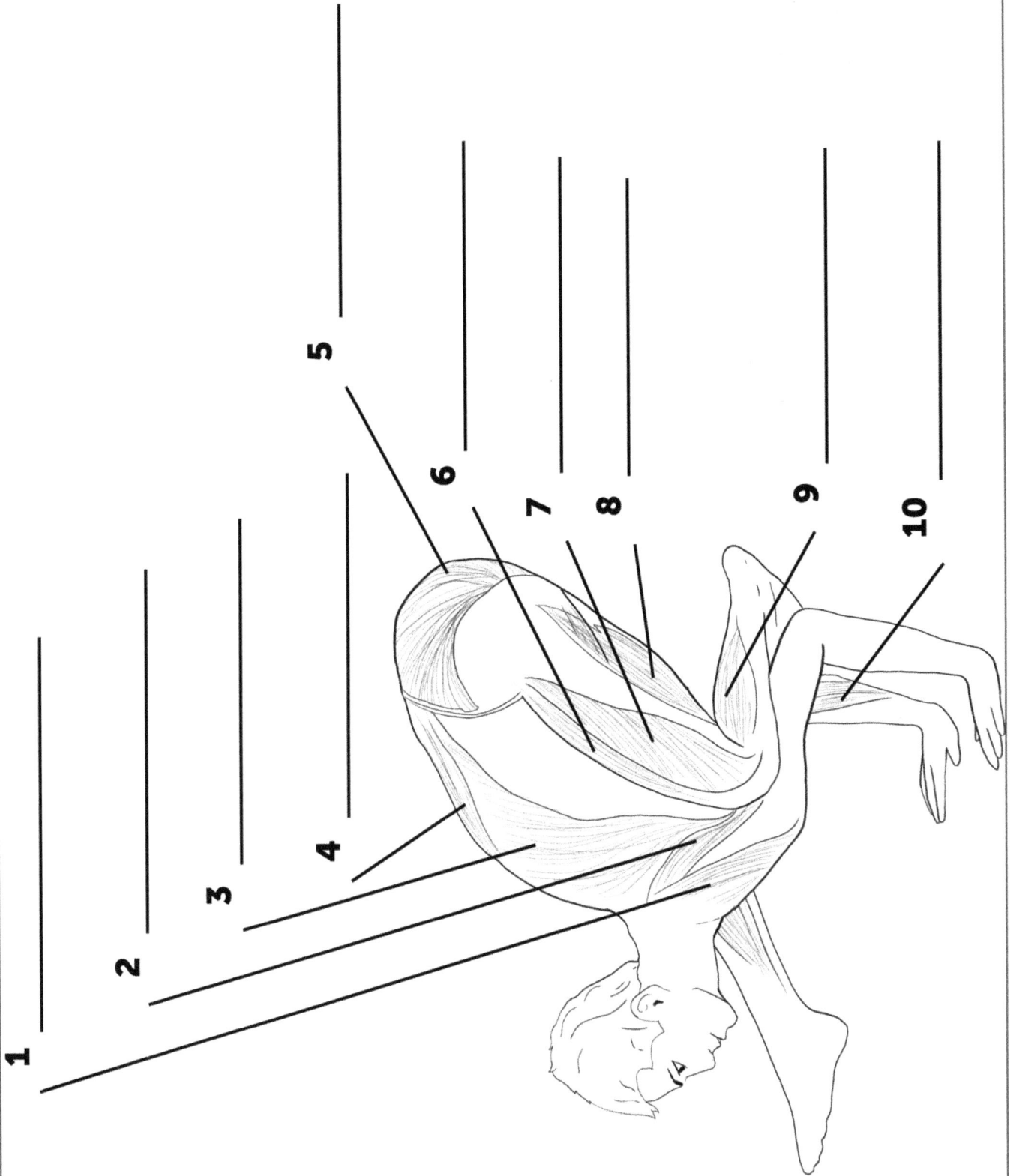

1 _____

2 _____

3 _____

4 _____

5 _____

6 _____

7 _____

8 _____

9 _____

10 _____

45. EINBEINIGER RABE II

1. DELTOID
2. TRIZEPS BRACHII
3. LATISSIMUS DORSI
4. EREKTOR SPINAE
5. GLUTEUS MAXIMUS
6. RECTUS FEMORIS (OBERSCHENKELMUSKEL)
7. VASTUS LATERALIS
8. HAMSTRINGS
9. GASTROKNISTER
10. PRONATOREN

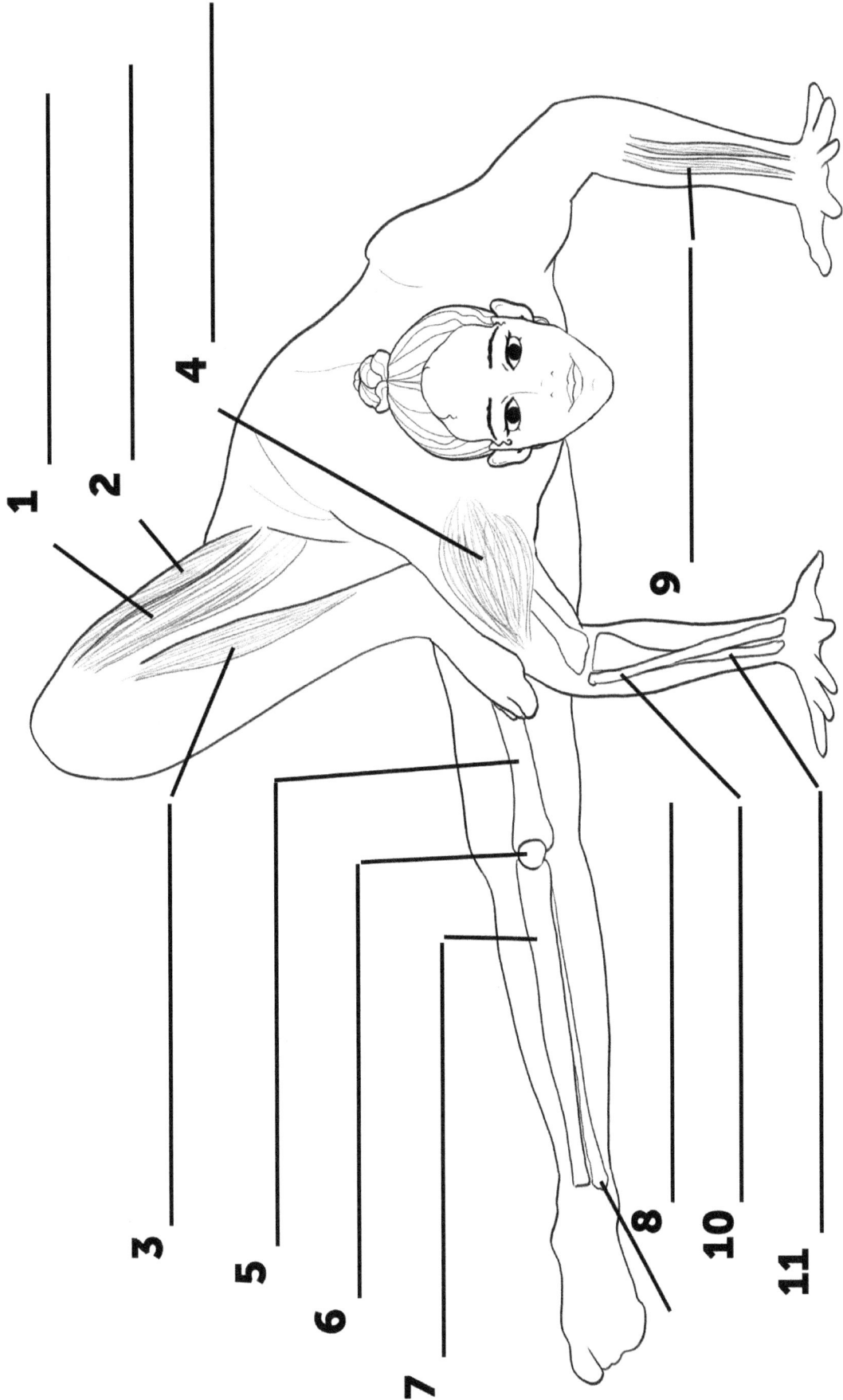

46. LIBELLE

1

2

4

3

5

6

7

9

8

10

11

46. LIBELLE

1. VASTUS LATERALIS
2. RECTUS FEMORIS (OBERSCHENKELMUSKEL)
3. GASTROKNISTER
4. DELTOID
5. OBERSCHENKELKNOCHEN
6. PATELLA
7. SCHIENBEIN
8. WADENBEIN
9. PRONATOREN
10. RADIUS
11. ELLE

47. BAUMINSTALLATION MIT EINER HAND

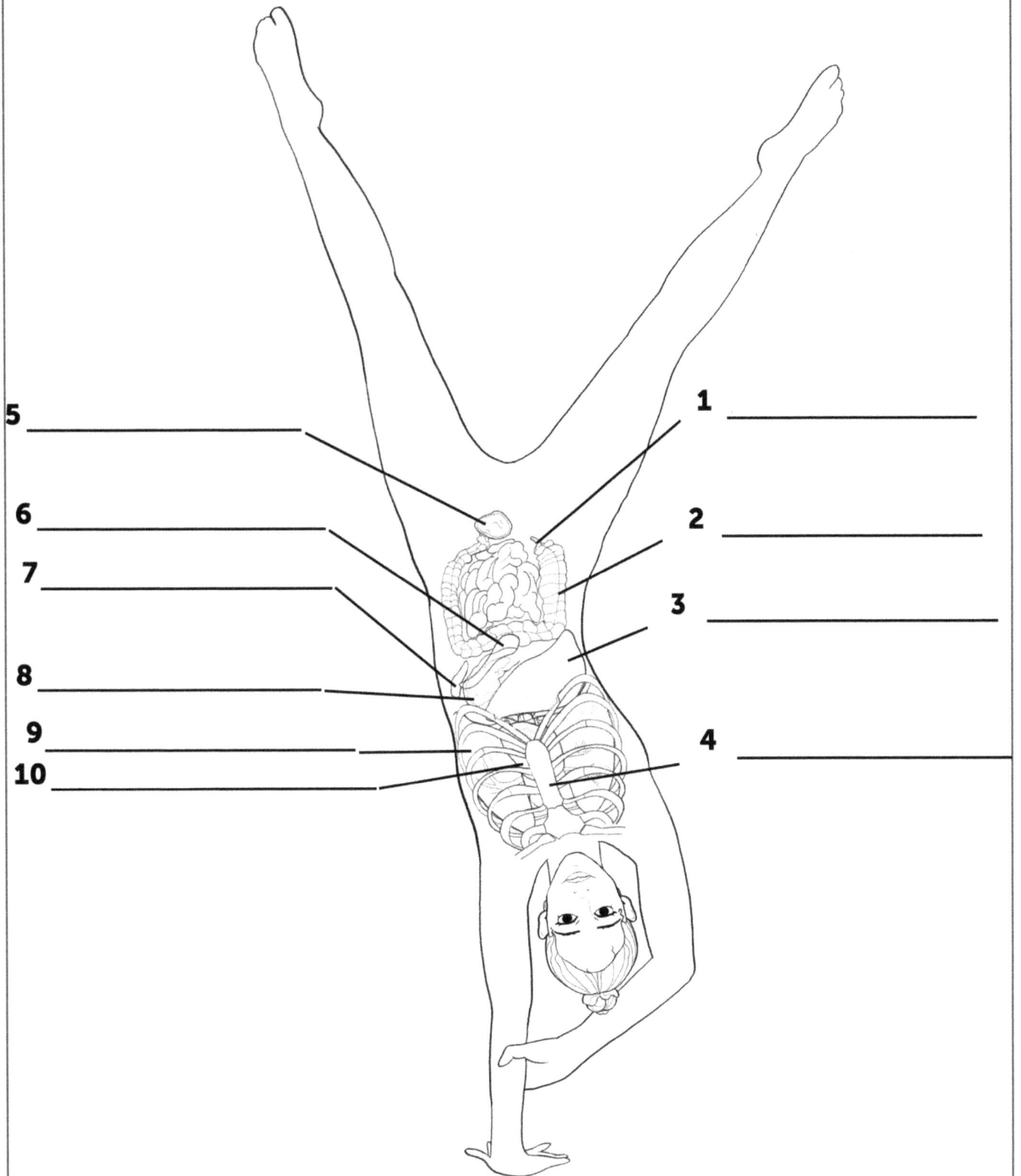

5 _____

6 _____

7 _____

8 _____

9 _____

10 _____

1 _____

2 _____

3 _____

4 _____

47. BAUMINSTALLATION MIT EINER HAND

1. ANHANG
2. AUFSTEIGENDER DICKDARM
3. LEBER
4. STERNUM
5. BLASE
6. BAUCHSPEICHELDRÜSE
7. SPLEEN
8. MAGEN
9. LUNGE
10. HERZ

48. VERLEGUNG DER KÖNIGSKOBRA

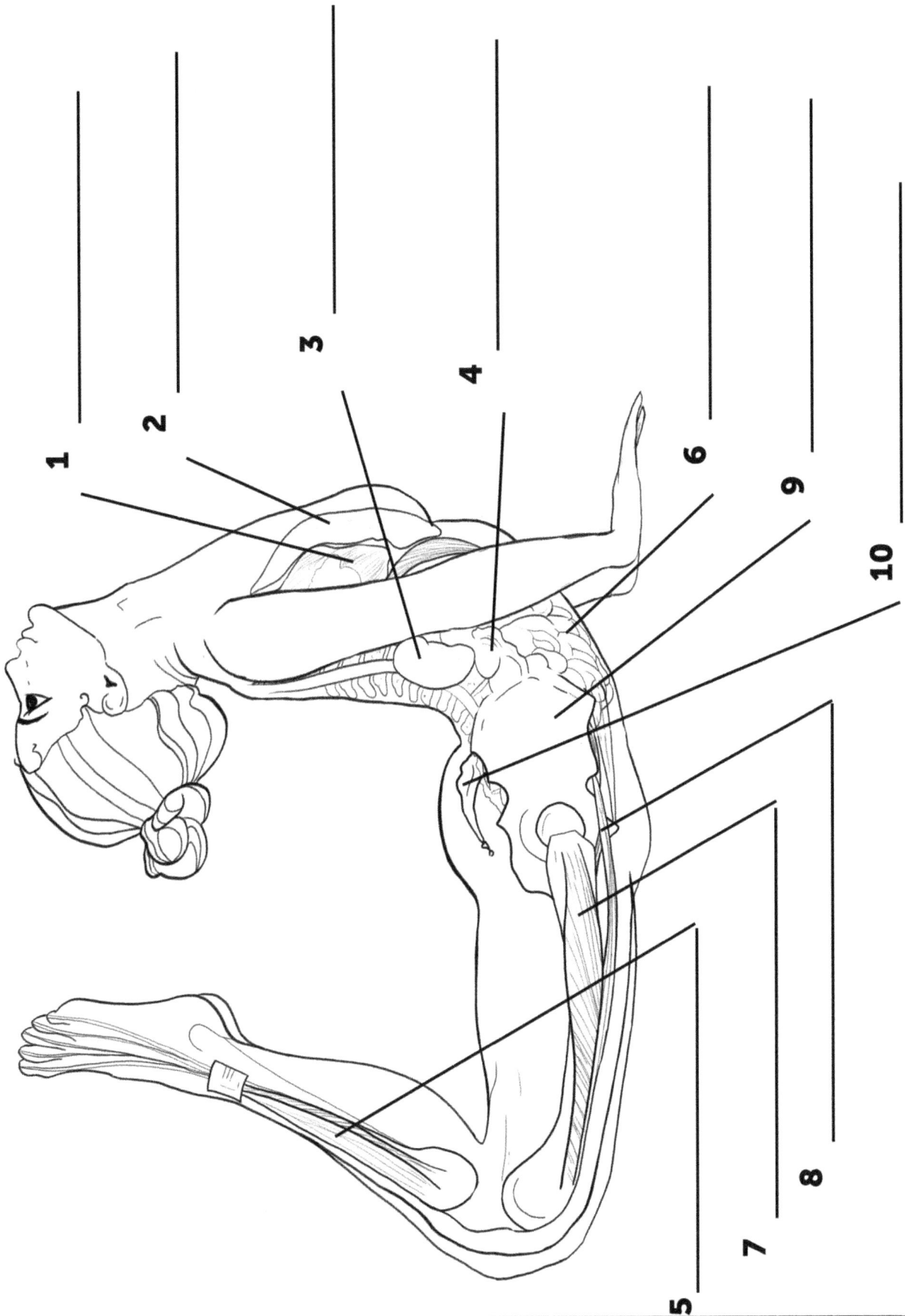

1

2

3

4

5

6

7

8

9

10

48. Verlegung der Königskobra

1. HERZ
2. LUNGE
3. NIERE
4. AUFSTEIGENDER DICKDARM
5. TIBIALIS ANTERIOR
6. DÜNNDARM-SPULEN
7. RECTUS FEMORIS
8. SARTORIUS
9. BECKEN
10. KREUZBEIN

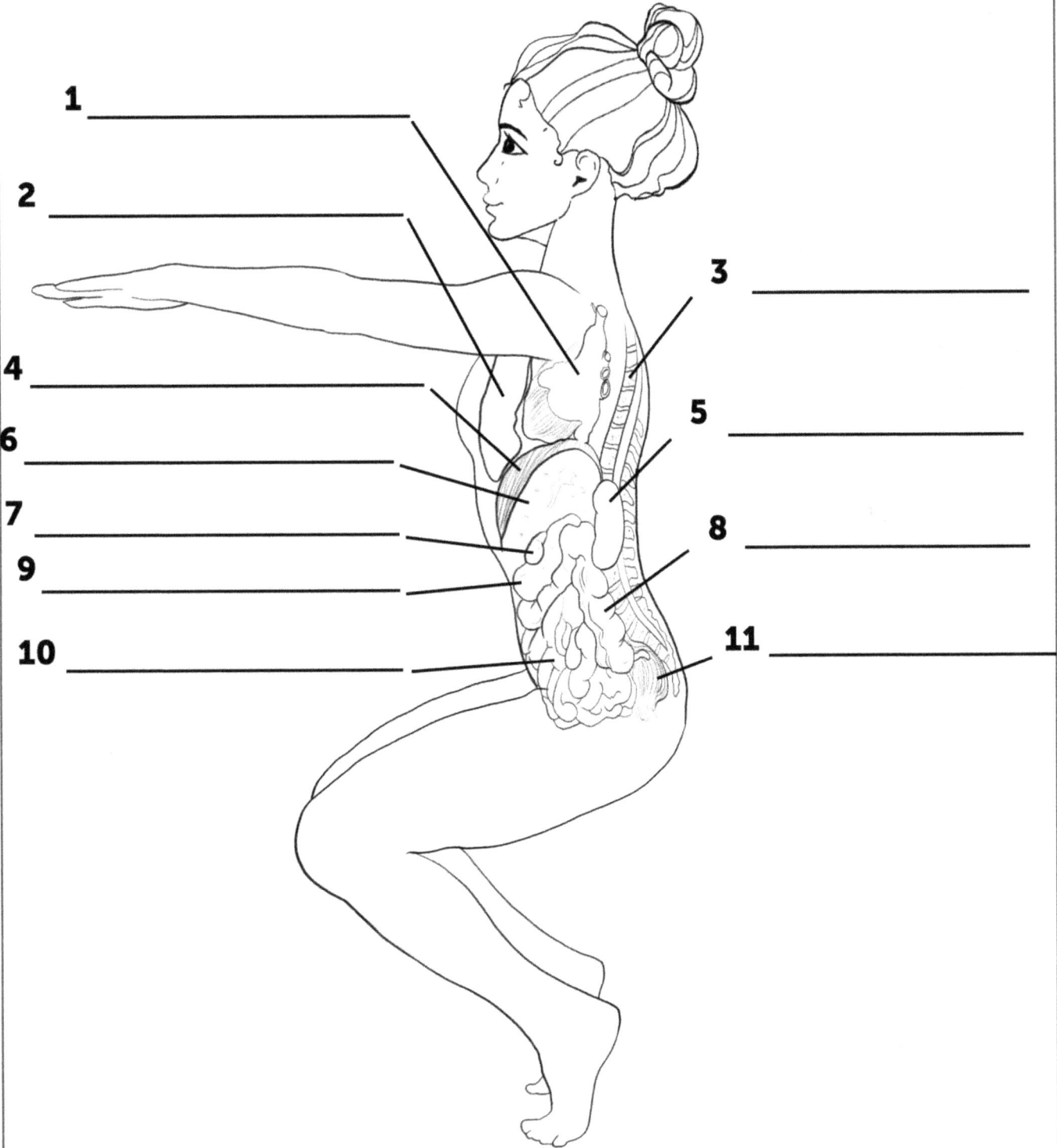

49. ZARTE POSE

1 _____

2 _____

3 _____

4 _____

5 _____

6 _____

7 _____

8 _____

9 _____

10 _____

11 _____

49. ZARTE POSE

1.   HERZ

2.   LUNGE

3.   BACKBONE

4.   DIAPHRAGMA

5.   NIERE

6.   LEBER

7.   GALLENBLASE

8.   ABSTEIGENDER DICKDARM

9.   MAGEN

10.   DÜNNDARM-SPULEN

11.   REKTUM

50. STEHEND, KOPF BIS ZU DEN KNIEN

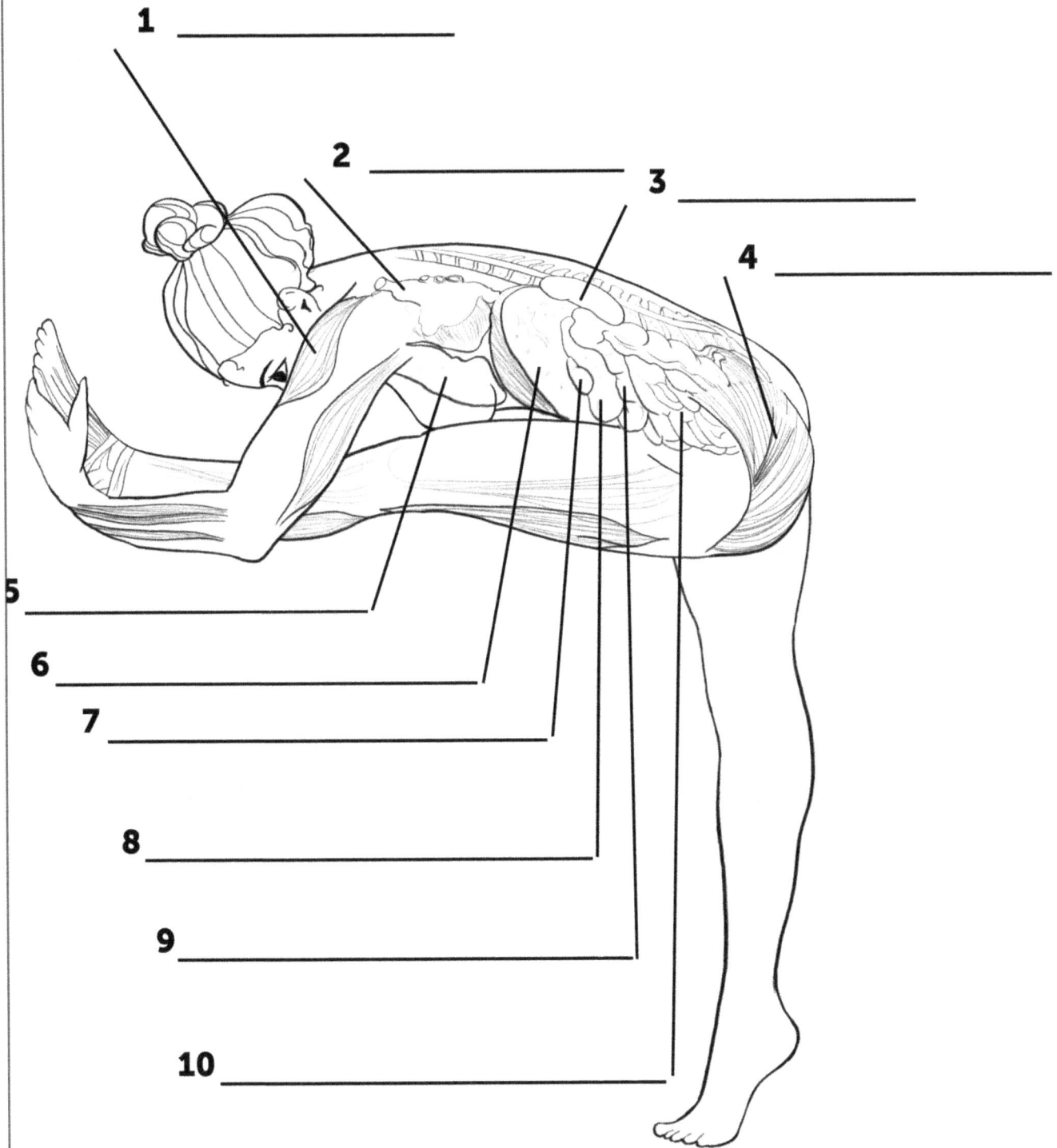

1 _____

2 _____

3 _____

4 _____

5 _____

6 _____

7 _____

8 _____

9 _____

10 _____

50. STEHEND, KOPF BIS ZU DEN KNIEN

1.   DELTOID
2.   HERZ
3.   NIERE
4.   PIRIFORMIS
5.   LUNGE
6.   LEBER
7.   GALLENBLASE
8.   MAGEN
9.   QUERKOLON
10.   DÜNNDARM-SPULEN

51. FREITRAGENDE SCHULTERPOSITION

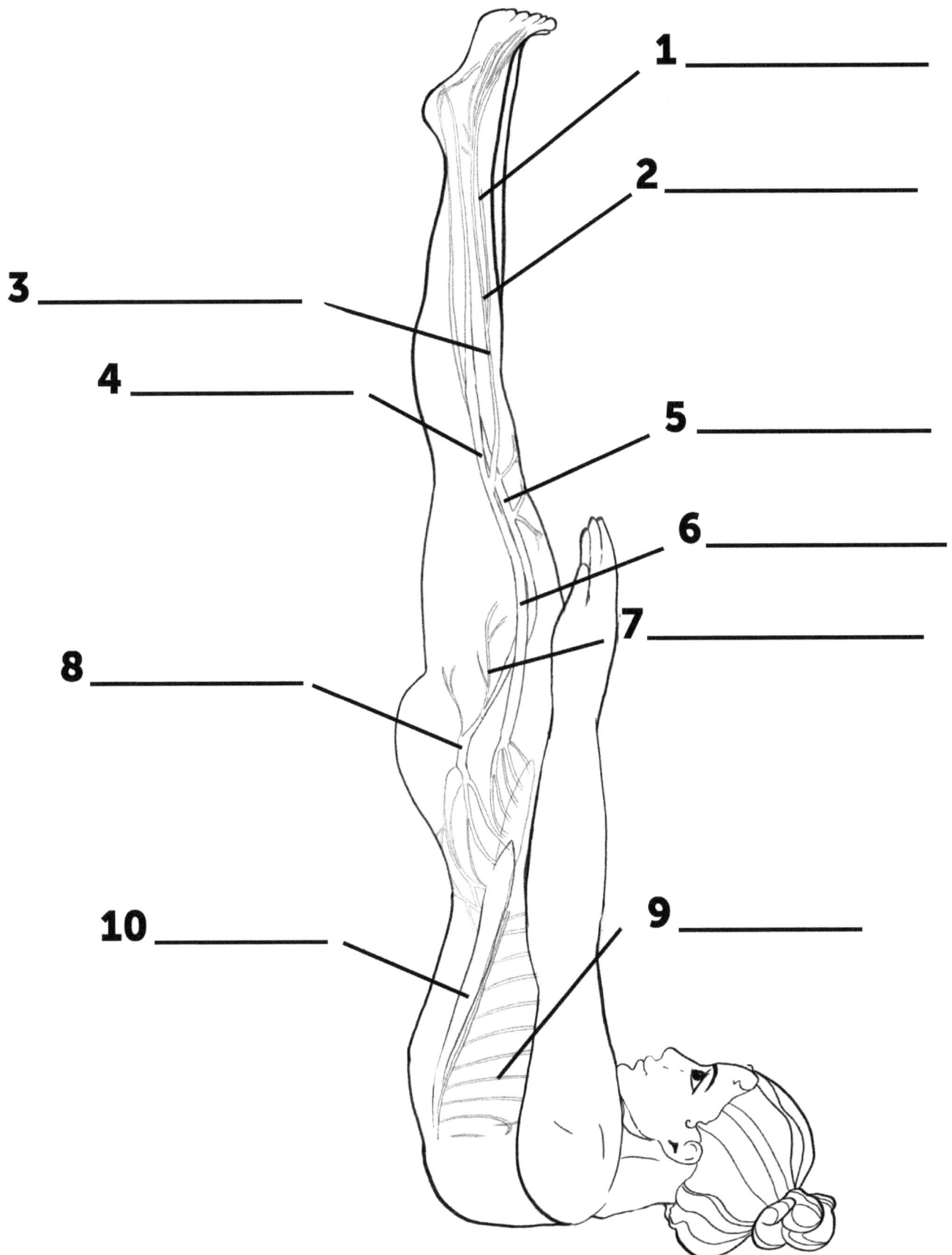

1 _____

2 _____

3 _____

4 _____

5 _____

6 _____

7 _____

8 _____

9 _____

10 _____

51. FREITRAGENDE SCHULTERPOSITION

1. OBERFLÄCHLICHES PERONEUM
2. TIEF PERONEAL
3. GEMEINSAM PERONEUS
4. TIBIA
5. VENA SAPHENA MAGNA
6. ISCHIAS
7. MUSKULÄRE ÄSTE DES OBERSCHENKELS
8. OBERSCHENKEL
9. INTERCOSTALES
10. RÜCKENMARK

52. SKANDASANA

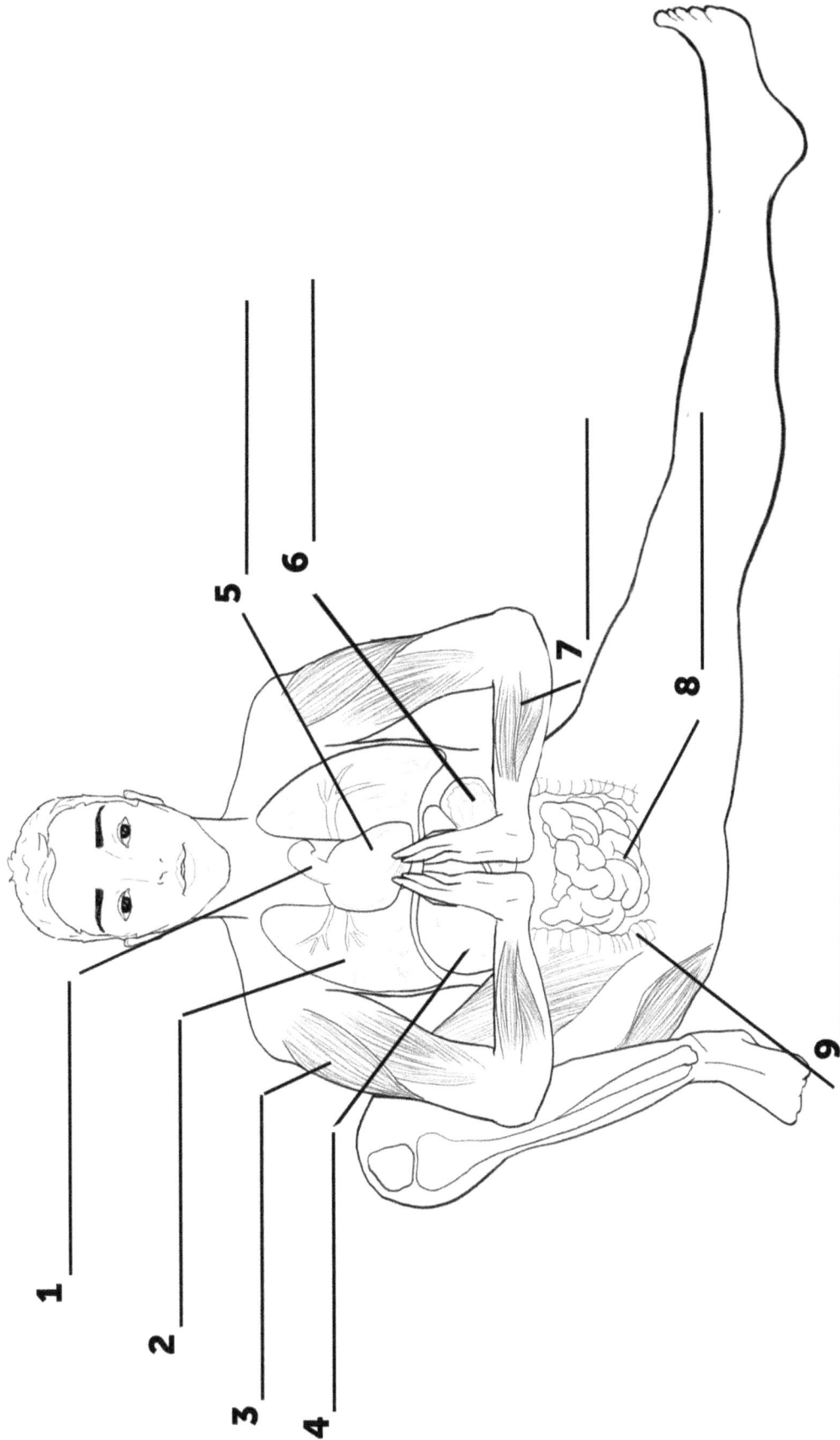

1

2

3

4

5

6

7

8

9

52. SKANDASANA

1. AORTA
2. LUNGE
3. DELTOID
4. LEBER
5. HERZ
6. MAGEN
7. PRONATOREN
8. DÜNNDARM-SPULEN
9. AUFSTEIGENDER DICKDARM

53. SEITLICH KIPPENDE BEINHEBEVORGÄNGE

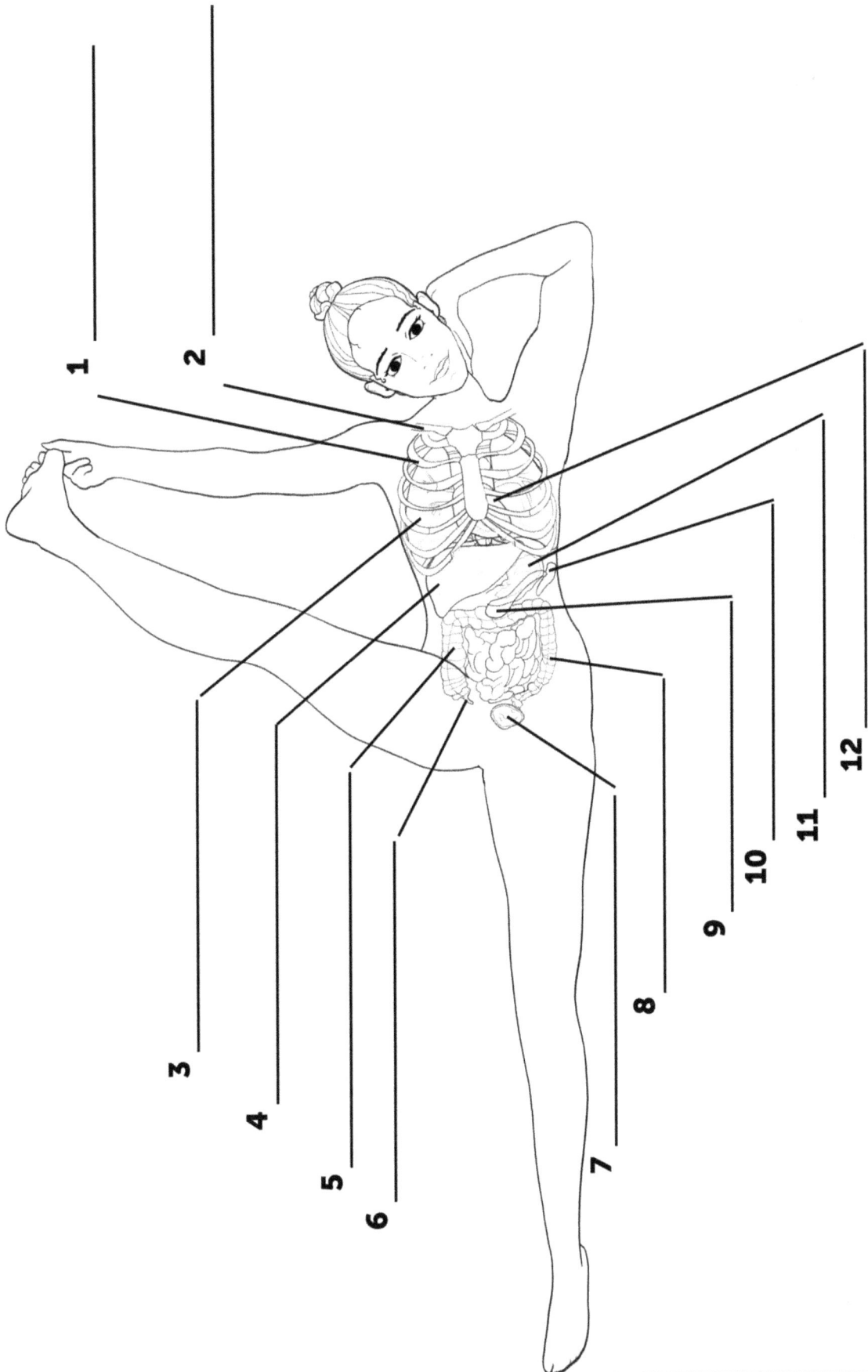

53. SEITLICH KIPPENDE BEINHEBEVORGÄNGE

1. KÜSTEN
2. KRAGENBE
3. LUNGE
4. LEBER
5. AUFSTEIGENDER DICKDARM
6. ANHANG
7. BLASE
8. ABSTEIGENDER DICKDARM
9. BAUCHSPEICHELDRÜSE
10. SPLEEN
11. MAGEN
12. HERZ

www.ingramcontent.com/pod-product-compliance
Lightning Source LLC
Chambersburg PA
CBHW051349200326
41521CB00014B/2525